Udo Paulitz

Dampfloks zwischen Harz und Weserbergland

Udo Paulitz

Dampfloks zwischen Harz und Weserbergland

transpress

Impressum

Einbandgestaltung: Nicole Lechner

Titelbild: Udo Paulitz
Mit einer imposanten Wolke aus Qualm und Dampf donnerte im September 1974 die 044 195 des Bw Ottbergen mit dem Durchgangsgüterzug 53853 durch den Solling bei Uslar.

Rücktitel: Udo Paulitz
Nur wenige Güterzüge bespannte das Bw Ottbergen mit zwei Dampflokomotiven der Baureihe 44. Der recht kurze Bauzug, der hier bei Bad Driburg unterwegs ist, dürfte für die beiden 44er kein Problem gewesen sein.

ISBN: 3-613-71189-5

Postfach 10 37 43, 70032 Stuttgart.
Ein Unternehmen der Paul Pietsch Verlage GmbH & Co.

1. Auflage 2002

Lektorat: Dirk Endisch
Innengestaltung: Wolfgang Vogel
Reproduktion: digi bild reinhardt, 73037 Göppingen
Druck: Gulde-Druck 72072 Tübingen
Bindung: K. Dieringer 70839 Gerlingen

Vermerk:
Alle namentlich nicht bezeichneten
Bilder stammen vom Autor

Inhalt

Vorwort

Fast im Schritttempo kriechen die Güterzüge mit Grenzlast über die langen Steigungen. Die Dampflokomotiven dokumentieren die ihnen abverlangten, gewaltigen Anstrengungen durch riesige Rauchpilze und donnernde Auspuffschläge. Konzentriert und mit viel Feingefühl bedient der Lokführer den Regler und den Sandstreuer, sein Heizer schaufelt unablässig Kohle auf den gefräßigen Rost. Diese Szenen bestimmten über Jahrzehnte den Güterzugverkehr auf der einst berühmten West-Ost-Rollbahn von Hamm nach Nordhausen – der einst wichtigsten Verbindung zwischen dem Ruhrgebiet und dem mitteldeutschen Raum. Sowohl Maschinen als auch ihren Personalen wurde bei Beförderung der schweren Lasten das Letzte abverlangt. Einst befanden sich dort die Lokomotiven der Baureihe $58^{10\text{-}21}$, die ehemalige preußische G 12, im harten Einsatz, bis schließlich deren Ersatz durch die leistungsfähigere Güterzug-Baureihe 44 erforderlich wurde. Deren erste Exemplare wurden ab 1937 im Bw Ottbergen heimisch und seitdem bestimmte diese schwere Einheitslokomotive das Geschehen im Güterzugdienst auf dieser Strecke.

Als »Königin der Mittelgebirge« oder »Jumbo« wurde die Baureihe 44 häufig voller Anerkennung bezeichnet, denn im schweren Einsatz auf den Hauptstrecken des Mittelgebirges war die 1968 in 044 umgezeichnete Baureihe auf den nicht elektrifizierten Strecken praktisch unentbehrlich. Auch in der ersten Hälfte der 70er-Jahre konnte die Deutsche Bundesbahn noch nicht auf ihre Dienste verzichten.

Ab Ende der 60er-Jahre führte die zunehmende Elektrifizierung zu einem Anstieg des Bestandes dieser Baureihe beim Bw Ottbergen, sodass in dieser Einsatzstelle in den folgenden Jahren sämtliche Maschinen dieser Baureihe der Bundebahndirektion (BD) Hannover zusammengezogen wurden. Die Folge war eine schrittweise Erweiterung des Einsatzgebietes der Ottbergener Lokomotiven, die nun nicht allein auf fast allen Strecken zwischen Harz und Weser zu beobachten waren, sondern umlaufbedingt nun bis nach Löhne, Goslar, Braunschweig und Helmstedt, aber auch nach Hildesheim, Detmold, Seelze, Göttingen und Kassel kamen.

Das Haupteinsatzgebiet aber blieb nach wie vor die Ost-West-Magistrale von Altenbeken über Ottbergen, Uslar, Northeim nach Herzberg, die von dort aus nach dem am Südrand des Harzes gelegenen Grenzbahnhof Ellrich in der DDR führte.

Über drei Jahre lang bereiste der Autor nahezu alle in Südniedersachsen gelegenen Dampfstrecken. Das Hauptziel seiner Reisen aber bildete die berühmte von Altenbeken nach Herzberg führende West-Ost-Rollbahn sowie der überwiegend von Dampflokomotiven der Baureihe 50 (ab 1968: 050 bis 053) bediente Streckenabschnitt nach Ellrich in der DDR.

Mit dem Ablauf des Winterfahrplanes 1976 endete hier leider ziemlich abrupt der Dampflokeinsatz auf allen diesen Linien. Zum Glück aber war dies rechtzeitig bei den Eisenbahnfreunden bekannt, sodass sich alle, der Autor eingeschlossen, darauf einstellen und, sei es mit Fotoapparat, Filmkamera oder Tonbandgerät, gebührend von den faszinierenden Maschinen Abschied nehmen konnten.

An dieser Stelle sei besonders meinen Freunden Hilmar Glinski und Ulrich Winterhoff, aber auch Herrn Reinhold Jungels für die gewährte Unterstützung und für die Bereitstellung der Aufnahmen in diesem Buch gedankt.

Dieser Bildband will, die vom Dampfbetrieb auf diesen Strecken ausgehende Stimmung und Faszination in lebendigen, zu allen Jahreszeiten aufgenommenen Bildern präsentieren. Es sind Abbildungen, in denen die schwarzen Schönheiten noch einmal unter Volldampf gezeigt werden. Diese erinnern an eine Zeit, die nun schon lange Geschichte geworden ist. Ich wünsche Ihnen viel Freude an diesem Buch und beim Betrachten der Aufnahmen.

Udo Paulitz

Duisburg, im Oktober 2001

Die 044
1.200 t
des Tages sc
men werder
ne und dem
nes solch sc
Aufgabe. G
Tunnelröhre

m 2. August 1975 scheinbar spielerisch ihren Güterzug, den über Dg 53842 langsam bergan. Aber das Bild täuscht, denn die Hitze , dass der Abdampf der Güterzuglok äußerlich kaum wahrgenom- n Wirklichkeit verlangte die Steigung und das Gewicht der Maschi- alle Reserven ab, um damit Fuhre in Fahrt blieb. Die Beförderung ei- üterzuges auf dem Abschnitt nach Altenbeken war keine leichte die 044 381 mit einem tiefheulenden Warnpfiff in der dunklen den.

Mit der Baureihe 44 von Altenbeken nach Ottbergen

Über Entwicklung und Bedeutung der Hauptakteurin dieses Buches für die Zugförderung, der schweren dreizylindrigen Güterzug-Dampflok der Baureihe 44, sollen, da ich diese Informationen beim Leser als bekannt voraussetze, hier nicht allzu viele Worte verloren werden. Diejenigen Leser, die sich über technische Einzelheiten dieser imposanten Baureihe eingehender informieren möchten, seien auf die umfangreiche einschlägige Literatur verwiesen.

Hier nur soviel, dass von dieser für den schweren Güterzugdienst auf Hauptstrecken insbesondere im Hügelland vorgesehenen Einheitslokomotive bereits 1926 die ersten zehn Exemplare der Vorserie von der Deutschen Reichsbahn in Dienst gestellt wurden. Erst 1937 begann dann die Serienfertigung in einem größeren Rahmen an deren Bau insgesamt 14 deutsche und ausländische Lokomotivfabriken beteiligt waren. Bis zum Ende der 40er-Jahre wurden nahezu 2000 dieser 1'E h3-Maschinen gefertigt und in Dienst genommen. Mit fünf Kuppelachsen, die einen Durchmesser von 1.400 mm aufwiesen, 20 Tonnen Achsdruck, einer indizierten Leistung von rund 1.910 PS, 16 bar Kesseldruck und einer Höchstgeschwindigkeit von 80 km/h erfüllte die starke Dreizylinder-Maschine über Jahrzehnte hinweg die in sie gesetzten Erwartungen. Kein Wunder, war sie doch nach der Baureihe 45 Deutschlands stärkste Güterzug-Dampflok. Auch noch in den 70er-Jahren bildeten die »Jumbos« genannten Kraftprotze bei beiden deutschen Bahnverwaltungen auf den nicht elektrifizierten Strecken das Rückgrat im schweren Güterzugdienst. Zum 31. Dezember 1970 beispielsweise befanden sich noch 285 der seit 1968 als Baureihe 044 bezeichneten Maschinen im Einsatzbestand der Deutschen Bundesbahn (DB), auf die auch in den nächsten Jahren teilweise noch nicht verzichtet werden konnte.

Unsere Reise mit der Baureihe 044 beginnt in Altenbeken, einem bedeutenden in 270 Metern Meereshöhe gelegenen Eisenbahnknotenpunkt der Strecken Hamm – Northeim und Kassel – Hannover, der bereits 1865 in Betrieb genommen worden war. 1970 erreichte der Fahrdraht den Bahnhof Altenbeken und seit 1971 wurden sämtliche, bis auf die nach Osten führende Strecke in Richtung Ottbergen von Elektroloks befahren. Altenbeken besaß auch ein Bahnbetriebswerk (Bw), dessen Drehscheibe von einer so genannten Fahrdrahtspinne überspannt wurde. Das Bw Altenbeken verfügte zu Beginn der 70er-Jahre zwar noch über alle Anlagen zur Dampflokbehandlung, fungierte aber zeitweise nur noch als Personaleinsatzstelle. In den letzten Jahren des Dampfbetriebs war Altenbeken Ausgangs- als auch Endpunkt des Laufweges der auf der Weserberglandstrecke verkehrenden 044er.

Die Maschinen und ihre Personale der von Altenbeken in östliche Richtung verkehrenden Dampfgüterzüge hatten auf dem Abschnitt bis Ottbergen verhältnismäßig wenig Anstrengungen zu bestehen, denn nahezu die gesamte Strecke liegt im Gefälle. Das erste Stück östlich der Ausfahrt bis in den Rehberg-Tunnel hinein steigt zunächst spürbar bergan, um etwa von der Tunnelmitte aus bis nach Ottbergen nahezu kontinuierlich zu fallen. Durch den nur wenige hundert Meter nach Verlassen des Bahnhofs Altenbeken zu passierenden 1.631 m lange Rehberg-Tunnel führt ein stark belegter, von mehreren Linien berührter Streckenabschnitt. Dieser wurde daher im Gleiswechselbetrieb bedient. Charakteristisch für diesen Abschnitt waren die nach Schweizer Vorbild versuchsweise installierten gleisüberspannenden Fahrleistungsträger, die sich bei der Bundesbahn aber nicht durchsetzen konnten. Unmittelbar am Ende des Tunnels befindet sich der 273 Meter hoch gelegene Trennungsbahnhof Langeland. Ab der Tunnelmitte beginnt nun ein stetiges Gefälle mit einer durchschnittlichen Neigung von 1 : 90, das an der Ostseite des Eggegebirges hinunter in Richtung des Bahnhofs Bad Driburg führt. Zuvor aber passiert die Bahn den kleinen Haltepunkt Reelsen mit dem gleichnamigen, 245 Meter langen Tunnel, dessen Bau ein schwacher, der Bahn im Wege stehender Gebirgsausläufer verursacht hatte. In der Gegenrichtung, also nach Altenbeken hinauf, stellte diese lange, mehr oder weniger konstante Steigung eine enorme Schwierigkeit besonders für die mit Dampfloks bespannten Güterzüge dar, denn selbst die leistungsfähigen 44er konnten nur maximal 1.260 t – und das mit einer Geschwindigkeit von kaum mehr als 25 km/h – bewältigen. Bei ungünstigen Witterungsverhältnissen wie Schnee, Nässe oder Laub auf den Schienen konnte ein schwerer Zug durchaus schon einmal in Schwierigkeiten geraten oder gänzlich liegen bleiben. Von Ottbergen nach Altenbeken stieg die Strecke bis zum 31 Kilometer entfernt liegenden Endbahnhof nahezu kontinuierlich mit starker Steigung an. Die Bahn überwand dabei bis zum höchsten Punkt, dem Brechpunkt im Rehberg-Tunnel, einen Höhenunterschied von mehr als 150 Metern.

Der auch heute noch für den Reisezugverkehr bedeutende Bahnhof Bad Driburg liegt nur noch 212 Meter hoch und das Gefälle in Richtung Ottbergen setzt sich in ziemlich gleicher Neigung bis zum 12 Kilometer entfernt liegenden Bahnhof Brakel fort. Zuvor wird der 167 Meter hoch gelegene Haltepunkt Herste passiert. Brakel weist nur noch eine Meereshöhe von 144 Meter auf.

Weiter führt die Bahnlinie in östliche Richtung bei nunmehr vermindertem Gefälle durch das landschaftlich reizvoll gelegene Nethetal und berührt nach vier Kilometern den Haltepunkt Hembsen. Nach weiteren fünf Kilometern, jetzt nur noch bei einer geringen Neigung von etwa 1 : 150, wird der 123 Meter hoch gelegene Bahnhof Ottbergen, als erster Zwischenstopp auf der Reise in Richtung Herzberg und Ellrich, erreicht.

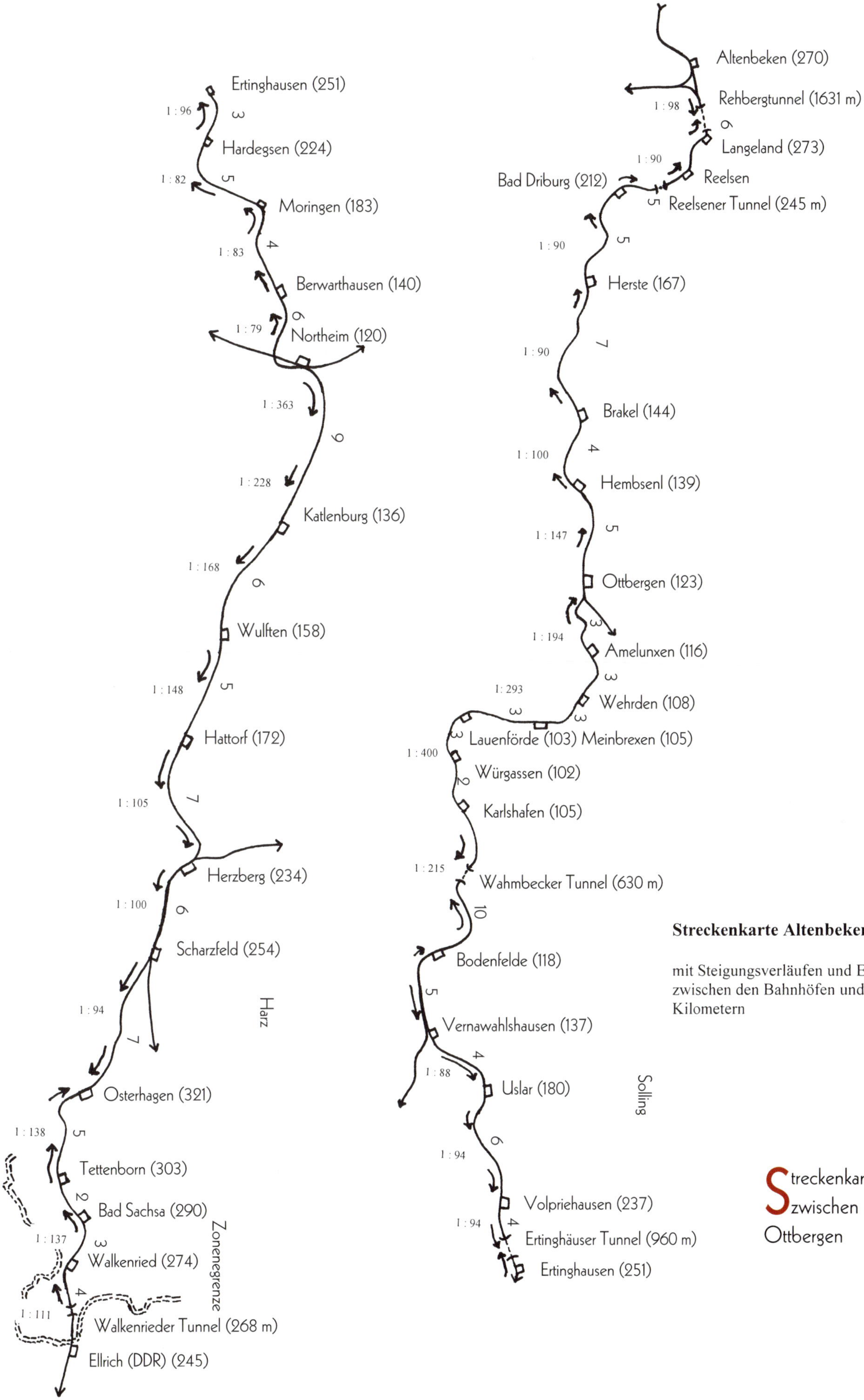

Streckenkarte Altenbeken – Ellrich/DDR

mit Steigungsverläufen und Entfernungsangaben zwischen den Bahnhöfen und Haltepunkten in Kilometern

Streckenkarte der Eisenbahn zwischen Altenbeken und Ottbergen

Altenbeken war normalerweise Ausgangspunkt der Baureihe 44 für die Fahrten in Richtung Ottbergen und Herzberg. An diesem Tage – es war der 19. Juli 1975 – befindet sich die mit Kohle und Wasser frisch versorgte 044 462 auf der von einer Fahrdrahtspinne überspannten Drehscheibe des Bahnbetriebswerks Altenbeken. In Kürze wird die Maschine, die für den aus Richtung Hamm zu erwartenden Dg 53853 bestimmt ist, in das Gleisvorfeld auszufahren. Für den Lokwechsel von E-Lok auf Dampf standen bei diesem Zug 16 Minuten zur Verfügung. In dieser Zeit mussten alle notwendigen Tätigkeiten, u.a. auch die erneute Bremsprobe, erfolgt sein.
Aufnahme: Ulrich Winterhoff

Die Fahrt beginnt: Planmäßig um 17.32 Uhr hat der Dg 53853 mit der 044 462 die Gleise des Bahnhofs Altenbeken verlassen und befährt hier die in einer leichten Steigung liegende lange Rechtskurve in Richtung des Rehberg-Tunnels. An dem hoch aufgeschütteten Kohlenvorrat des Tenders erkennt man, dass Lok und Personal noch ganz am Anfang ihrer langen Tour nach Herzberg stehen. Aufnahme: Ulrich Winterhoff

Der gleiche Zug aus einer anderen Perspektive: Am 28. Juli 1975 war es die 044 209, die den Dg 53842 bei der Ausfahrt am Reelsener Tunnel am Haken hat. Auf dieser Aufnahme sind die Anstrengungen der kaum schneller als Schrittgeschwindigkeit fahrenden Maschine auf der 1 : 90-Steigung ungleich stärker nachvollziehbar. Mit einem Donnergetöse stampft der Jumbo aus dem kurzen Tunnel heraus ans Tageslicht.

Planmäßig bespannten die Zweizylinderlokomotiven der Baureihe 50 die Durchgangsgüterzüge auf dem Streckenabschnitt Herzberg – Walkenried – Ellrich. Am 28. August 1975 aber hatte der von Ellrich in Richtung Walkenried verkehrende Dg 45868, vermutlich wegen Überlast, ausnahmsweise mal eine 44er an der Spitze. Hier verlässt der Zug – pünktlich gegen 13.35 Uhr – mit der 044 390 in schwül-warmer Mittagshitze den dunklen Schlund des 268 m langen Walkenrieder Tunnels. Der besondere Reiz dieser Teleaufnahme liegt zweifellos in der gekonnt eingefangenen Atmosphäre von Licht und Schatten, in der die Maschine die dunklen Tunnelröhre verlässt und im röhrenden Drillingstakt ihren schweren Güterzug die 1 : 111-Steigung hochwuchtet.

Fast am Ziel angelangt hingegen ist die 044 566, die hier am 29. Juli 1975 mit dem Dg 53842 aus Richtung Ottbergen kommend, den 245 m langen Reelsener-Tunnel verlässt. Die warme Witterung lässt vom Abdampf der schwer arbeitenden Lokomotive nur ein Flimmern erkennen. Gegen 17 h wird der Güterzug den Bahnhof Altenbeken planmäßig erreichen.

In der Gegenrichtung verlässt die 044 599 am gleichen Tage mit dem nur samstags verkehrenden Ng 63245 (Laufweg Paderborn – Ottbergen) gegen 16.05 h den Reelsener Tunnel. Da die Strecke ab dem im Rehberg-Tunnel liegenden Scheitelpunkt bis Ottbergen nahezu stetig im Gefälle verläuft, haben die Lok und ihr Heizer ausnahmsweise einmal wenig zu tun.

Vorspannleistungen mit der Baureihe 44 waren auf den von Ottbergen ausgehenden Strecken nicht alltäglich. In den letzten Wochen des Dampfbetriebes dann standen Vorspannleistungen fast täglich an. Seit dem Frühjahr 1976 war die Doppelbespannung für den stets Grenzlast führenden Dg 53842 auf dem Abschnitt zwischen Ottbergen und Altenbeken die Regel, sehr zur Freude der zahlreichen Eisenbahnfotografen, denen hier kurz vor dem Ende ein einmaliges Schauspiel geboten wurde. Mit vereinter Kraft schaffen die 044 195 und die 044 671 am 8. April 1976 ihren schweren Zug mit einer donnernden Geräuschkulisse und mit Schwung über die beachtliche Steigung zwischen Bad Driburg und Reelsen.

Eine Dampflokomotive auf schwerer Rampenfahrt! Die Worte reichen kaum aus, um die optischen und akustischen Reize der Aufnahmen auf dieser Doppelseite zu beschreiben. Es war noch recht kalt am Morgen des 12. April 1976, als die erst seit dem 15. Januar 1976 vom Bw Emden nach Ottbergen umbeheimatete 044 334 mit dem Nahgüterzug Ng 63242 die in einer engen Rechtskurve liegende starke Steigung vor dem Bahnhof Bad Driburg erklomm. Mit fast 1.260 t Gewicht führte dieser Zug fast Grenzlast und so ist es nicht weiter verwunderlich, dass dessen Geschwindigkeit kaum größer als die eines Fußgängers war. Dieser Nahgüterzug verließ den Bahnhof Herzberg bereits um 3.14 Uhr in der Frühe und erreichte gegen 6.25 h Ottbergen. Dort erfolgte regelmäßig ein Lokwechsel auf eine mit frischen Vorräten versehene Maschine und bis zur Weiterfahrt des Zuges um 6.58 Uhr hatte man regelmäßig noch Waggons angehängt. Wenige Minuten vor der Abfahrt des Zuges in Richtung Altenbeken verließ ein Personenzug den Bahnhof Ottbergen in die gleiche Richtung, den der Autor regelmäßig bis Bad Driburg benutzte. Da der Nahgüterzug im Blockabstand folgte, waren im Dauerlauf gut ein Kilometer Distanz zu überwinden, um einen günstigen, im Gegenlicht liegenden Fotopunkt noch rechtzeitig zu erreichen. Schon minutenlang vorher durchdrangen die Geräusche der unter Volllast schwer arbeitenden 44er die morgendliche Ruhe. Kaum war man an der Fotostelle mit hechelnder Zunge eingetroffen, kam der Zug unter einem gewaltigen Pilz aus Rauch und Dampf, der sich vortrefflich in der klaren Luft abzeichnete auch schon um die Kurve ins Blickfeld gefahren und die Lokomotive zog langsam aber stetig mit schmetternden Auspuffschlägen am Bildautor vorbei. Das waren die Momente, die jeden Fotografen die vielen verpassten Gelegenheiten, Hitze, Kälte und frühes Aufstehen vergessen ließen. Mit viel Feingefühl musste der Meister den Regler bedienen, damit die Kuppelräder mit der gewaltigen Last am Zughaken nicht ins Schleudern gerieten.

Der hungrige Schlund: Die Größe der vom Heizer zu beschickenden Rostfläche bei einer 44er erreichte durchaus die Ausmaße eines üblichen mittelgroßen Badezimmers. Bei diesen Dimensionen, besonders bei anstrengenden Bergfahrten, erreichte auch ein kräftiger und geübter Heizer mitunter seine körperliche Belastungsgrenze. Bedauerlicherweise wurden bei der Bundesbahn nur 32 Maschinen der Baureihe 44 auf Ölhauptfeuerung umgestellt und die mechanische Rostbeschickung (Stokerfeuerung), die bei Maschinen dieser Größenordnung durchaus angebracht gewesen wäre, gelangte im Jahre 1950 bei nur fünf Maschinen versuchsweise zum Einbau. Die Bundesbahn scheute, obwohl sich in der Praxis nur Vorteile bei dieser Betriebsart ergeben hatten, »aus wirtschaftlichen Gründen« die angeblich zu hohen Umbaukosten auf die seit Jahren in vielen Ländern bewährte Stokerfeuerung – recht wenig dachte diese Bahngesellschaft sowohl an die Gesundheit der Personale als auch an die Leistungsfähigkeit der Lokomotiven selbst, denn diese stand logischerweise stets in enger Abhängigkeit zu der physischen Kraft der Heizer.

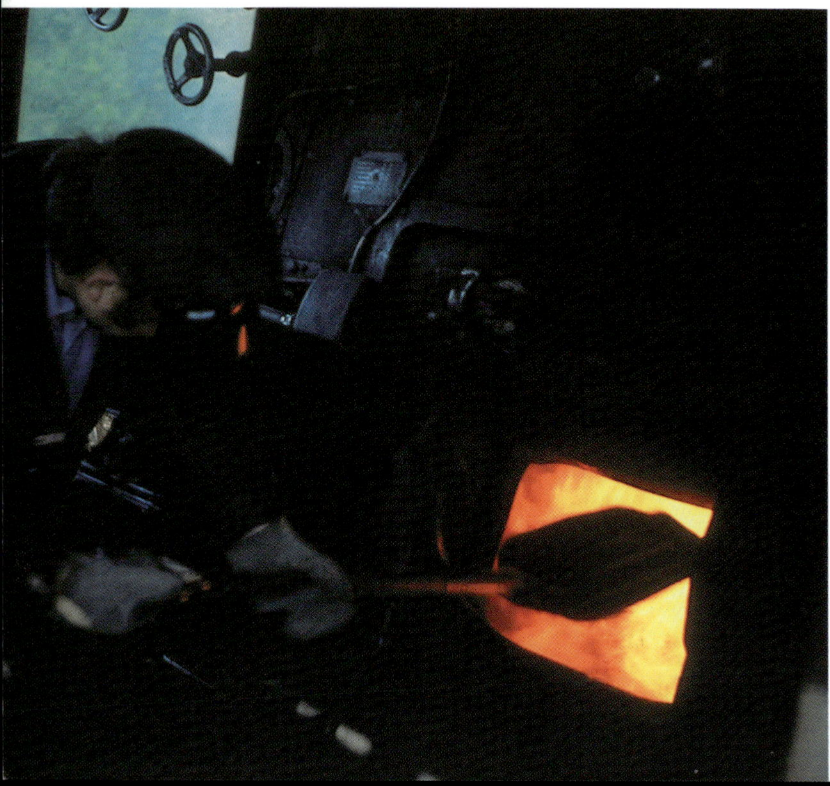

Ein Heizer bei seiner anstrengenden Arbeit, beobachtet am 1. August 1975 auf der 044 566. Fast pausenlos landeten Schaufeln voll Kohle im gefräßigen Schlund der 44er. Allein bei der Fahrt auf dem 93 Kilometer langen Abschnitt von Ottbergen nach Herzberg hatte der Heizer mit gezielten und gekonnten Schwung etwa 80 Zentner (!) Kohlen auf der 4,55 Quadratmeter großen Rostfläche der Maschine zu verteilen. Sonst war der für die Fahrten über die langen Rampen erforderliche Kesseldruck nicht zu halten. Diese Arbeit ließ beim Heizer gewiss keine Langeweile aufkommen. Das war die andere Seite der viel gepriesenen »Romantik des Dampfbetriebes«, nämlich – vor allem für den Heizer – Knochenarbeit in ihrer ureigensten Form, die bei solchen, überwiegend von Betriebsfremden angestellten Betrachtungen meist vergessen wird!

Am 15. April 1976, hatte die 044 389 die Aufgabe, den nicht minder schweren Ng 63242 über die Bad Driburg vorgelagerte 1 : 90-Steigung zu befördern. Auf diesem Abschnitt, der der Maschine und dem Personal alles abverlangt, zieht die Lok ihren Zug im Schritttempo bergan und durchfährt mit wummerndem Auspufftakt die enge, unmittelbar vor dem Bahnhof Bad Driburg in einer Rechtskurve gelegene Waldschneise. Solche beeindruckenden Stimmungen machten einem verständlicherweise den Abschied von den letzten Ottbergener 44ern schwer.

Wenige Wochen später, am 17. Mai 1976 donnern die leistungsstarken Dreizylinderloks 044 149 und 044 210 in zügiger Fahrt mit dem gleichen von Ottbergen kommenden Zug, dem Dg 53842, die Rampe in Richtung Altenbeken zwischen Herste und Bad Driburg hinauf. Die Heizer der Maschinen haben, wie die schwarzen Rauchwolken aus den Schornsteinen verkünden, gerade Kohlen nachgelegt, um den für die Steigungsstrecke unerlässlichen Kesseldruck nicht absinken zu lassen. Kaum zwei Wochen später war diese Herrlichkeit vorbei und der Dampfbetrieb endete für das Bw Ottbergen.
Aufnahme: Ulrich Winterhoff

Diese Aufnahme, welche die bergan stampfenden Lokomotiven 044 682 und 044 210 auf dem kontinuierlich ansteigenden Steigungsabschnitt zwischen Herste und Bad Driburg mit dem nachmittäglichen Dg 53842 zeigt, ist unschwer auf das Frühjahr 1976 – aufgenommen wurde dieser Zug am 5. April 1976 – zu datieren. Denn nur in den letzten Wochen des Dampfbetriebes wurde dieser fast immer voll ausgelastete Güterzug mit Vorspann gefahren.

Am Nachmittag des 4. August 1975 bestimmte ein klarer Himmel mit hochsommerlichen Temperaturen die Wetterlage. An diesem Tag erklomm die 044 067 – eine der wenigen Lokomotiven dieser Baureihe, die noch eine der bei den Eisenbahnfreunden beliebten, geschlossenen Frontschürzen besaßen – mit dem Dg 53842 auf der Fahrt nach Altenbeken den Steigungsabschnitt vor Bad Driburg. Am Regler stand Oberlokführer Günter Nolte, ein alter und bewährter Fahrensmann des Bw Ottbergen, der dem Autor des Öfteren ein inoffizielles Gastrecht auf dem Führerstand seiner Maschine gewährte.

Ganz auf sich allein gestellt war am Nachmittag des 5. Mai 1976 die 044 180, als sie vor dem Kesselwagenzug Gag 57422 (Laufweg Langelsheim – Kreiensen – Holzminden – Ottbergen – Altenbeken – Paderborn – Gladbeck West), der nur bei Bedarf verkehrte, die Steigung zwischen Herste und Bad Driburg erklimmen musste. Die kerzengerade in den Himmel aufsteigende Qualmwolke der Lokomotive deutet auf eine nur mäßige Fahrgeschwindigkeit hin und der Maschine ist die Anstrengung auf dem Rampenabschnitt deutlich anzumerken. Lokführer und Heizer gaben ihr Bestes, um den schweren Zug über die Steigung zu bringen. Der von den Eisenbahnern auch als »Langelsheimer« bezeichnete Zug hatte ein Gewicht von rund 800 t und wurde bis Altenbeken (die dortige planmäßige Ankunftszeit war 15.55 Uhr) von einer 44er gezogen.
Aufnahme: Ulrich Winterhoff

Keine Mühe bereitete hingegen am 4. August 1975 der samstägliche Ng 63247 seiner Zuglokomotive, der 044 591, die an diesem Tag im Abschnitt östlich von Bad Driburg mit geschlossenem Regler zu Tal rollte. Die planmäßige Durchfahrt dieses kurzen Zuges durch Bad Driburg fand um 16.50 h statt. Zeitweise wurde, wie hier zu sehen, eine Leergarnitur Umbauvierachser am Schluss des zwischen Paderborn und Ottbergen verkehrenden Zuges befördert. Rechts ist das Einfahrtsignal des Bahnhofs Bad Driburg aus der Fahrtrichtung Ottbergen zu erkennen.

Nächste Seite: Etwas weniger Gewicht als normalerweise üblich hatte am noch kühlen Morgen des 22. April 1976 der aus Herzberg kommende Ng 63242, der von der erst am 15. Januar 1976 vom Bw Emden nach Ottbergen umbeheimateten 044 682 gezogen wurde. Die Lokomotive überwindet mit ihrem Zug in flotter Fahrt den steigungsreiche Abschnitt zwischen Herste und Bad Driburg. Das Gegenlicht bringt die sehr fotogene Dampfentwicklung der bergan stampfenden Maschine wirkungsvoll zur Geltung. Die 044 682 gehörte zu jenen Maschinen, die nach dem Dampfende im Bw Ottbergen noch für kurze Zeit nach Gelsenkirchen-Bismarck umstationiert wurden.

Hier begegnet uns nochmals der samstägliche Nahgüterzug Ng 63247, der am 15. August 1975 auf dem reizvollen Streckenabschnitt zwischen Herste und Istrup mit der 044 209 ohne Mühe fast lautlos zu Tal rollt. Auch an diesem Tag hat man in den Güterzug eine Garnitur Umbauvierachser eingestellt.

Die 044 434 bezwingt mit dem nur an Samstagen verkehrenden Dg 53840 (Laufweg Herzberg – Hamm Rbf) am 30. August 1975 den schwierigen Rampenabschnitt bei Reelsen. Der senkrecht in die Höhe steigende Rauch der Lokomotive ist ein Indiz für die geringe Geschwindigkeit des Zuges, andererseits aber für deren Anstrengungen auf dieser langen, nahezu ununterbrochenen Steigung. Um für die notwendigen Höchstleistungen eine ausreichende Zugkraft zu gewährleisten, musste der Lokführer den Zylindern der Maschine die höchstmögliche Dampfspannung zuführen. Die 044 434 ist eine der wenigen DB-Maschinen, die noch mit den zur Reichsbahnzeit üblichen, schräg herabgezogenen Frontblechen, kurz Schürzen genannt, ausgerüstet waren.

Am 16. August 1975 befand sich die 044 456 mit dem nur samstags (anstelle des Dg 53840) verkehrenden Dg 53840 am Haken auf Bergfahrt in der Nähe des kleinen Haltepunkts Reelsen in Fahrtrichtung Altenbeken. Obwohl der Maschine die Steigung schon zu schaffen machte, ließ sie ihren kraftvollen Auspuff ertönen und passierte nahezu rauchlos den Standort des Fotografen. Am rechten Bildrand ist die Dorfkirche der Ortschaft Reelsen zu erkennen.

Eine fantastische Abend- und Abschiedsstimmung verbreitet diese Gegenlichtaufnahme des spätnachmittäglichen Dg 53853, der mit seiner 044 534, ebenfalls einer früheren Emdener Maschine, am 26. Mai 1976 gegen 17.50 Uhr – kaum eine Woche vor dem endgültigen Dampfende – in der Nähe der Ortschaft Riesel im Gefälle in Richtung Ottbergen rollt. Der von Hamm Rbf kommende Durchgangsgüterzug wurde im Abschnitt bis Altenbeken von einer E-Lok der Baureihe 150 gezogen. Nach der Umspannung auf die Dampflok setzte der Zug seine Fahrt um 17.32 Uhr in östliche Richtung fort, hatte kurzen Aufenthalt in Ottbergen und erreichte Herzberg abends gegen 20.48 Uhr.
Aufnahme: Ulrich Winterhoff

Wenige Wochen zuvor, am 7. April 1976 unter gänzlich veränderten Witterungsbedingungen, passiert die 044 195 die gleiche Stelle (siehe Abbildung links) kurz vor 17 Uhr mit dem für Ottbergen bestimmten Ng 63247. Obwohl im Gefälle fahrend, hat der Meister den Regler seiner Lokomotive noch geöffnet. Der Neigungswinkel beträgt in diesem Abschnitt anfänglich noch 1 : 90, welcher aber in Richtung des Bahnhofs Brakel immer kleiner wird.

Ausnahmsweise allein musste am 7. Mai 1976 die frühere Emdener 044 534 den schweren Dg 53842 auf dem Abschnitt zwischen Ottbergen und Altenbeken über den Berg ziehen. Hier fährt der Zug noch mit Schwung die allmählich stärker werdende Steigung zwischen Riesel und Istrup hinauf. Aber auch hier hat der Jumbo schon hart zu arbeiten. Das frische, strahlende Grün der die Bahnstrecke umgebenden Bäume lässt den Betrachter an der schönen Frühlingsstimmung teilhaben.
Aufnahme: Ulrich Winterhoff

Nur recht kurz war am 8. August 1975 der Dg 53842, den die 044 193 auf dem landschaftlich abwechselungsreichen Abschnitt bei Istrup die Rampenstrecke nach Bad Driburg hinaufbeförderte. Bemerkenswert ist die vorbildliche, nahezu rauchlose und damit umweltfreundliche Feuerführung des Heizers, die aus der Sicht der Eisenbahnfreunde allerdings auf nur wenig Gegenliebe stieß. Den Fotofreunden waren rauchende und qualmende Lokomotiven ungleich lieber. Die Lokpersonale sahen dies natürlich von einer gänzlich anderen Warte aus, denn schwarzer Qualm aus dem Schornstein einer Lokomotive bedeutete stets unverbrannte Kohle und war meist ein Zeichen für eine verbesserungswürdige Feuerungstechnik.

Hier rauscht die 044 067, eine der noch mit Schürze ausgerüsteten ehemals Paderborner Maschinen, am Nachmittag des 17. Mai 1976 mit dem schon bekannten Ng 63247 in der Nähe der Ortschaft Herste die Gefällestrecke in Richtung Ottbergen hinab. Träge wabert schwarzer Qualm aus dem Schornstein der talfahrenden Lokomotive. Bei dieser Leistung wurde das Personal – besonders aber der Heizer – ausnahmsweise einmal wenig beansprucht und daher konnten die Eisenbahner den Nachmittag ruhig angehen lassen und sich ganz dem Fahrtgenuss hingeben.
Aufnahme: Ulrich Winterhoff

Am 12. April 1976 gaben die 044 678 und ihre Schwestermaschine 044 210 mit dem Dg 53842 das eindrucksvolle Schauspiel einer kraftvollen Bergfahrt in der Nähe des Ortes Riesel, als sie unter einer prächtigen schwarzen Qualmwolke Anlauf in die immer schwieriger werdende lange Steigung in Richtung Bad Driburg nahmen. Schon lange vorher war das dumpf-rumorende Auspuffgeräusch der beiden schwer arbeitenden Maschinen in der Ferne zu vernehmen. Bei diesem Bild kann man es sich auch regelrecht vorstellen, wie die Heizer die Kohlen zentnerweise in die gefräßigen Feuerlöcher schippten, um den erforderlichen vollen Kesseldruck zu halten und wie die schwer stampfenden Dreizylinderlokomotiven in scharfer Fahrweise mit aller Kraft gemeinsam die Rampe angingen. Bei der auf dem linken Bild gut sichtbaren, nicht unerheblichen Steigung wird nur zu deutlich, dass es bei schweren Zügen nicht unbedingt falsch war, diese mit Vorspann fahren zu lassen.

044 566-8

Die 044 566 hat am 29. Juli 1975 mit dem Dg 53842 gerade einen niveaugleichen, mittels Schranken gesicherten Straßenübergang der Bundesstraße B 64 westlich des Haltepunktes Hembsen passiert. Trotz der durch mehrere Ortsdurchfahrten bedingten Geschwindigkeitsbegrenzungen war der Autor Dank der sehr zügigen und vollendeten Fahrweise seines Freundes und Mitstreiters Ulrich Winterhoff, der damals einen alten Ford 12 M mit lediglich 40 PS besaß, in der Lage, den Güterzug bei der nun beginnenden Zugverfolgung bis zum Relsener Tunnel (siehe auch Seite 14) insgesamt viermal vor die Linse zu bekommen! Eine Radarkontrolle der Polizei wäre mit Sicherheit das Ende dieser Unternehmung gewesen.

Welch ein unbeschreibliches Inferno widerhallender Auspuffschläge! Die 044 067 und die frühere Emdener 044 180 donnern am 6. Mai 1976 mit vereinten Kräften und einem laut röhrendem Drillingsstakkato mit dem Dg 53842 bei Hembsen die erst allmählich stärker werdende Steigung bergan. Wie die beiden pechschwarz qualmenden Lokomotiven beweisen, haben die Heizer ihre Vorbereitungen für die lange und anstrengende Rampenfahrt nur zu gut getroffen. Nun mussten sich die Lokomotiven ganz schön ins Zeug legen, um ihre ellenlange Fuhre am Laufen zu halten. Die auf so eindrucksvolle Weise im Bild festgehaltenen Maschinen stehen scheinbar im Widerspruch zu dem schönen stimmungsvollen Maitag mit seinen blühenden Bäumen und Sträuchern. Wer jemals eine solche Vorbeifahrt miterlebt hat, der wird sie nie vergessen!
Aufnahme: Ulrich Winterhoff

Spätsommerzeit – Erntezeit! Es herrscht Wetter vom Feinsten und die Landwirte bemühen sich bei der trocken-heißen Witterung des 9. August 1975, ihr Getreide einfahren zu können. Im Vordergrund präsentiert sich ein zwar schon etwas heruntergewirtschafteter, aber noch durchaus einsatzfähiger Hanomag-R-25-Ackerschlepper aus den frühen 50er-Jahren. Zeitgleich mühte sich die 044 084, eine der bei Eisenbahnfreunden so begehrten Maschinen mit Frontschürze, mit dem Dg 53840 am Beginn des Steigungsabschnitts von Ottbergen nach Altenbeken in der Nähe des Haltepunktes Hembsen. Die warme Witterung lässt den Abdampf der Lokomotive optisch kaum merkbar hervortreten. Lokführer und Heizer beobachten interessiert von ihrer Maschine aus das sonderbare Treiben des Fotografen.
Aufnahme: Ulrich Winterhoff

Als dieses Bild des Dg 53842 mit seiner Lokomotive, der 044 591, am 24. Mai 1976 auf dem langen Damm im Abschnitt zwischen Ottbergen und Hembsen aufgenommen wurde war die letzte Woche des Dampfbetriebes in diesem Raum schon fast angebrochen. Bei einem absoluten frühsommerlichen Traumwetter mit Sonnenschein und weißen Wolken arbeitete sich die Maschine, für die die Bergfahrt nach Altenbeken gerade erst begonnen hat, rabenschwarze Qualmwolken ausstoßend und über dem Zug verteilend, mit dröhnendem Drillingstakt in die beginnende Steigung hinein.
Aufnahme: Ulrich Winterhoff

An dem noch kalten Maimorgen des 17. Mai 1976 oblag es der 044 195, den wie immer mit Grenzlast verkehrenden Ng 63242 von Ottbergen in Richtung Altenbeken weiterzubefördern. Es war erst kurz nach 7 Uhr morgens, als die Maschine mit herrlich ungleichmäßigen Dreizylinderschlag mit einer gewaltigen und eindrucksvollen Dampfentwicklung dem begeisterten Fotografen ein sowohl optisches als auch akustisches Spektakel ersten Ranges darbot. Die 44er schickte sich gerade an, auf dem Abschnitt zwischen Ottbergen und dem Haltepunkt Hembsen mit ihrem schweren Güterzug Schwung für die beginnende Steigung zu holen. Die weiße Dampffahne stand an diesem Morgen noch minutenlang über der Strecke.
Aufnahme: Ulrich Winterhoff

Auch der 15. April 1976 entwickelte gegen 7 Uhr morgens noch eine beachtliche Kühle, sodass sich der Abdampf der 044 389, die mit dem Ng 63242 gerade den Bahnhof Ottbergen in westliche Richtung hinter sich gelassen hat, sehr vorteilhaft und fotogen zu einer langen weißen Dampffahne entwickelte. Der aus den geöffneten Zylinderventilen entweichende Dampf der Fahrt aufnehmenden 44er hüllte den endlos langen Güterzug mit weißen Schwaden ein. Die Dampfwolken werden noch Minuten später an die kraftvolle Vorbeifahrt dieses Zuges erinnern.

Noch recht dunkel und neblig-trüb gestaltete sich der Morgen des 3. April 1976, als sich die 044 569 mit geöffneten Zylinderventilen in Ottbergen pünktlich um 6.58 Uhr mit dem schweren Ng 63242 in Richtung Altenbeken in Bewegung setzte. Luftfeuchtigkeit und Lufttemperatur ließen eine eindrucksvolle, von schwarzem Rauch durchsetzte Dampfwolke entstehen, als sich die Maschine laut zischend und fauchend mit zunächst langsam wummernden Auspuffschlägen ihres Dreizylindertriebwerks in Bewegung setzte. Um den langen Güterzug in Gang zu setzen, musste die 044 569 eine Ausfahrt hinlegen, die wohl jeder in dem Eisenbahnerdorf Ottbergen hören konnte.

Das Bw Ottbergen

Bereits auf das Jahr 1864 gehen die ersten Ursprünge des späteren Bahnbetriebswerkes (Bw) Ottbergen zurück. Mit der Eröffnung der Sollingstrecke nahm die Bedeutung dieser Dienststelle erheblich zu. Zahlreiche Güterzüge aus dem westfälischen Industriegebiet bespannte man in Ottbergen mit frisch ausgerüsteten Maschinen. Bis zum Ende des Zweiten Weltkrieges verlief über diese Strecke die wohl bedeutendste West-Ost-Verbindung für den Güterverkehr, sodass der eher unbedeutende Ort Ottbergen großzügig dimensionierte Bahnanlagen erhielt. Ausschließlich der Eisenbahn ist daher der Aufstieg der Gemeinde Ottbergen zu verdanken, deren Einwohnerzahl sich innerhalb von 40 Jahren, bis zur Jahrhundertwende, mehr als verdoppelte, denn viele Menschen fanden bei der Bahn einen Arbeitsplatz und wurden dort ansässig.

Erst die Deutsche Reichsbahn ließ die Anlagen des Bw Ottbergen erweitern. Bis zum Ende der 30er-Jahre nahm die Dienststelle ihre endgültige Gestalt an. So wurde die bisherige 16-Meter-Drehscheibe durch eine solche mit 26 m Durchmesser der Einheitsbauart ersetzt, um auch die neuen Güterzugloks der Baureihe 44 drehen zu können. Das Kohlenlager wurde auf ein Fassungsvermögen von etwa 2.600 t Steinkohle vergrößert und die Stände des Lokschuppens wurde ebenfalls auf eine Länge von 26 Meter Länge ausgebaut. Immer größere und leistungsfähigere Maschinen fanden im Bw Ottbergen eine neue Heimat, um das gestiegene Güterverkehrsaufkommen bewältigen zu können. War ab etwa 1920 hauptsächlich die dreizylindrige Baureihe $58^{2, 4, 6, 10-21}$ (ehemalige preußische G 12) heimisch geworden, erfolgte im August des Jahres 1937 die Zuteilung der ersten fabrikneuen Einheitslokomotiven der Baureihe 44. Mit einer Mehrleistung von nahezu 400 PS waren die 44er der alten G 12 erheblich überlegen. Auf Vorspanndienste vor schweren Güterzügen konnte das Bw Ottbergen nun weitgehend verzichten. Das Transportaufkommen auf der Verbindung Altenbeken – Ottbergen – Northeim – Nordhausen hatte Mitte der 30er-Jahre, nach dem Ende der Weltwirtschaftkrise, wieder deutlich zugenommen und die Zuglasten der Güterzüge waren stark gestiegen. Sehr schnell stieß die G 12 bei diesen Diensten an die Grenzen ihrer Leistungsfähigkeit. Unverzüglich wurden die neuen Einheitsloks daher in deren Plänen eingesetzt. Die 44er kamen im Westen bis nach Hamm und Dortmund. Im Osten liefen sie durch bis Nordhausen. Aber auch in Richtung Holzminden und Kreiensen fuhren die Maschinen. In den folgenden Jahren bis Kriegsende wurde der 44er-Bestand des Bw Ottbergen auf rund 25 Maschinen aufgestockt; die Baureihe 58 in die südlichen Landesteile versetzt.

Das Ende des Zweiten Weltkrieges und die neuen Grenzen brachte einen großen Einschnitt in das angestammte Einsatzgebiet der Ottbergener 44er. Trotz allem erlebte das Bw Ottbergen in den 50er-Jahren eine neue Blütezeit, zumal durch die Veränderung der Verkehrsströme die Deutsche Bundesbahn die Zugbildungsaufgaben von Holzminden nach Ottbergen verlagert hatte. Infolge der zahlreichen Güterzugleistungen blieb der Bestand der Baureihe 44 bis zum Ende der 60er-Jahre mit rund 20 bis 25 Maschinen ziemlich konstant. Vereinzelt wurden auch Reisezüge mit dieser Baureihe auf einigen Abschnitten bespannt. Doch die fortschreitende Elektrifizierung der wichtigsten Hauptstrecken führte in den 60er- und 70er-Jahren zu vielen Veränderungen.

Als Rationalisierungsmaßnahme konzentrierte die Bundesbahn-Direktion (BD) Hannover die Dampflokunterhaltung auf nur wenige Dienststellen in ihrem Bezirk. Die BD Hannover zog möglichst wenige Baureihen in möglichst großen Stückzahlen in einem Bahnbetriebswerk zusammen. In der Folgezeit gelangten durch die fortschreitenden Elektrifizierung immer mehr 44er nach Ottbergen. Mit Beginn des Jahres 1972 gehörten sämtliche rostgefeuerte Lokomotiven der Baureihe 44 der BD Hannover zum Bestand des Bw Ottbergen. Die Anzahl der 44er nahm daher von Jahr zu Jahr zu und erreichte 1973 mit 45 Fahrzeugen ihren Höchststand. Mit dieser zunehmenden Bestandserhöhung einher ging auch eine Vergrößerung des Einsatzgebietes, sodass die Ottbergener Jumbos nun in einem 22-tägigen Umlauf nahezu alle Güterzüge auf den nicht elektrifizierten Strecken im gesamten östlichen Bereich der BD Hannover bespannten. Neben den genannten Einsätzen auf den weit verzweigten Linien waren die 44er infolge E-Lokmangel

Vorige Seite: Am 23. August 1975 wartet 044 492, die Lokomotive, die an diesem Tage den Dg 53840 nach Altenbeken befördern soll, mit bereits ergänzten Vorräten im Bw Ottbergen. Im Vordergrund sind drei der heute bereits seltenen und als Erinnerungsstücke recht begehrten DB-Zugschlussleuchten aufgereiht.

auch vor schweren Güterzügen auf den mittlerweile mit Fahrleitungen überzogenen Strecken Hannover – Kassel und Hamm – Altenbeken im Einsatz. 1974 waren die Maschinen mit einer durchschnittlichen täglichen Laufleistung von 309 Kilometern bei einem Spitzenwert von 473 Kilometern die bestausgelasteten kohlegefeuerten 44er der Bundesbahn. Neben den Planleistungen waren in steigendem Maße Sonderleistungen von dieser Baureihe zu erbringen.

Zu Beginn des Jahres 1973 erfolgte die Umstellung aller planmäßigen Güterzüge auf dem Abschnitt zwischen Hamm und Kassel auf elektrischen Betrieb. Dies führte zu einem erneuten Einbruch im Ottbergener Betriebsmaschinendienst, der sich auch durch Sonderleistungen nicht auffangen ließ. Die in Folge der Ölkrise beginnende Rezession führte zu einem Rückgang der Zuggewichte und Sonderleistungen. Das Ende der Dampfzugförderung in Ottbergen begann sich nun bereits abzuzeichnen. Bis zur endgültigen Ablösung der Dampfloks vergingen allerdings noch drei Jahre. Bestand im Winterfahrplan 1974/75 noch unverändert ein Planbedarf von täglich 17 Maschinen mit einer durchschnittlichen Laufleistung von 303 Kilometern pro Betriebstag, so benötigte das Bw Ottbergen mit Beginn des Sommerfahrplanes 1975 nur noch 13 Maschinen für die Planleistungen. Diese Zahl blieb bis zum Ende des Dampflokeinsatzes konstant. Zum Sommerfahrplan 1976 wurde die Dampflokunterhaltung im Bw Ottbergen sehr überraschend aufgegeben, obwohl es noch zu Beginn des Jahres im Gespräch gewesen war, 12 Lokomotiven für Sonderdienste weiterhin vorzuhalten. Aber das werbeträchtige Argument, wieder eine Region dampffrei zu haben, hatte offenbar bei der DB den Ausschlag zu der Entscheidung gegeben, die 44er in Ottbergen schlagartig per Stichtag abzustellen. Dieselloks, nun teilweise in Doppelbespannung, übernahmen fortan die Dienste der Dampflokomotiven. Ein großer Teil der Ottbergener Jumbos, insgesamt 15 Maschinen, wurde noch für kurze Zeit zum Bw Gelsenkirchen-Bismarck umbeheimatet. Wenig später endeten auch sie als Schrott in den Hochöfen.

Das Bw Ottbergen wurde im Mai 1977 zur Außenstelle des Bw Altenbeken degradiert. Die Behandlungsanlagen wurden später abgerissen und der Lokschuppen einer anderen Verwendung zugeführt. Zeitweise wurden als Arbeitsbeschaffungsmaßnahme für die vielen in Ottbergen ansässigen Arbeiter, für die es keine andere Beschäftigungsmöglichkeit mehr gab, auf dem Gelände des ehemaligen Bw Dampflokomotiven – auch anderer Betriebswerke – verschrottet. Dieses war für die Eisenbahner keine angenehme Tätigkeit, ihre über Jahrzehnte liebevoll gepflegten Maschinen mit Schweißbrennern in handliche Teile zu zerlegen. Damit endete auch die Geschichte des Bw Ottbergen.

Morgenstimmung im Bw Ottbergen: Die 044 209 hat am 13. April 1976 den Ng 63242 von Herzberg nach Ottbergen gebracht und ist zwecks Auffüllung ihrer Vorräte in das Bw gerollt. Vor der Weiterfahrt in den Gleisbereich des Bahnbetriebswerks lässt sie einen kurzen, dumpfen Warnpfiff ertönen. Diese voll ins Gegenlicht fotografierte Stimmungsaufnahme wurde in dem Moment ausgelöst, als der Meister die Dampfpfeife der Maschine betätigte.

Diese klassische Ansicht des Bahnbetriebswerkes Ottbergen entstand am 3. August 1975. Die in der tief stehenden Nachmittagssonne auf ihren nächsten Einsatz wartende 044 195 wird dabei von dem markanten Wasserturm überragt. Heute sucht man nach diesem Bauwerk vergeblich, denn der Turm wurde bereits im Juni 1978 abgetragen.
Aufnahme: Ulrich Winterhoff

044 195-6

Am 5. April 1976 präsentierte sich die 044 678 bei schönstem morgendlichen Sonnenlicht im Bw Ottbergen. Wie man sieht, hat die – im Übrigen noch recht saubere Maschine – bereits ihre Kohlenvorräte ergänzt und der Meister befindet sich, ausgerüstet mit dem obligatorischen Hammer als eines der wichtigsten Requisiten bei der Dampflokwartung, gerade auf seinem Kontrollgang um die Maschine. Auf die Funktionsüberprüfung der Luftpumpe scheint er im Augenblick besonderen Wert zu legen.

Die von Frost, Eis und Schnee begleitete Winterzeit stellte schon seit jeher erhöhte Anforderungen an Mensch und Maschine. Sowohl für die Lokmannschaften als auch für die Schuppenmänner eines Bahnbetriebswerkes waren die Arbeitsbedingungen im Winter besonders ungünstig. Hier eine Ende Februar 1976 im Bw Ottbergen fotografierte Stimmungsaufnahme, welche die 044 149 zeigt, die gerade für ihre nächste Fahrt versorgt wird. Bei sehr strengem Frost mussten – wie hier zu sehen – im Bereich der Wasserkräne Koksfeuer in Stahlkörben unterhalten werden, um das Einfrieren der Wasserentnahmestellen zu verhindern. Aufnahmen wie diese vermitteln recht anschaulich den frostigen Winterdienst bei der Bahn.
Aufnahme: Hilmar Glinski

Die 044 210 lugt mit ihrer Rauchkammer aus dem Halbdunkel des Ottbergener Lokschuppens hervor. Die Pufferbohle dokumentiert, dass die Maschine am 8. Dezember 1970 im Ausbesserungswerk Braunschweig eine L 2, eine Zwischenausbesserung, erhalten hatte. Gut ist auf dieser Aufnahme der Mittelzylinder zu erkennen. Das Aufnahmedatum ist der 6. August 1975. Ganze Scharen von Eisenbahnfreunden aus aller Welt zog es zum Ende der Dampflokzeit bei der DB ins Bw Ottbergen.

Auch das gehörte zur Dampflokzeit: Ein Betriebsarbeiter des Bw Ottbergen hat am 15. August 1975 die mannshohe Rauchkammertür der 044 456 geöffnet, um die in der Rauchkammer angesammelte bei der Verbrennung entstandene Flugasche, kurz »Lösche« genannt, mit der Schaufel zu entfernen. Beim so genannten Löscheziehen wurden in Ottbergen die Verbrennungsrückstände zunächst einfach auf einen Haufen zwischen die Gleise geworfen, eine im Übrigen sehr staubige und schmutzige Tätigkeit, um die der Schuppenmann keineswegs zu beneiden war.

Am 17. Juli 1975 bot sich für den Autor wieder einmal die Gelegenheit, auf dem Führerstand eines Jumbos mitzufahren. Es war die 044 319, die an diesem Tage den 1.120 t schweren Dg 53842 auf dem Abschnitt zwischen Ottbergen und Altenbeken bespannte und anschließend als Lz 87193 nach Ottbergen zurückkehrte. Nach der Rückkunft von dieser erlebnisreichen Fahrt wurde im Bw Ottbergen noch schnell ein Erinnerungsbild vom Personal – Oberlokführer Witt und Heizer Lechner – geschossen. Der Heizer trägt einen als Blendschutz fungierenden Schutzschirm an seiner Mütze. Obwohl es offiziell eigentlich streng verboten war, auf Führerständen ohne die schriftliche Genehmigung der Direktion und ohne den obligatorischen maschinentechnischen Begleiter mitzufahren, machten viele Personale freundlicherweise eine Ausnahme.

Die 044 256 wartet am 5. August 1975 im Bahnhof Ottbergen auf Ausfahrt, um als Lokleerfahrt (Lz) in Richtung Northeim zu fahren. Im Hintergrund links auf dem Bw-Gelände ist der Himmel von den vielen unter Dampf stehenden Lokomotiven ziemlich verräuchert.

Von Ottbergen nach Northeim über den Solling

An der Ostausfahrt des Bahnhofs Ottbergen nahmen die von Altenbeken kommenden und mit Dampfloks der Baureihe 44 bespannten Güterzüge vor ihrer Weiterfahrt nach Herzberg regelmäßig Wasser, wenn sie nicht zum Ergänzen der Vorräte ins Bw fuhren. Bei den Durchgangsgüterzügen (Dg) war hier außerdem Personalwechsel, d.h. eine neue Mannschaft übernahm Lok und Zug, während die bisherige Besatzung nun Dienstschluss hatte. Als planmäßiger Aufenthalt waren für manche Züge lediglich zwölf Minuten vorgesehen. In dieser Zeit musste der 34 Kubikmeter große Tender randvoll mit Wasser aufgefüllt werden. In der Zwischenzeit inspizierte der Meister den Bremszettel, ließ sich von der abgelösten Besatzung über mögliche Unregelmäßigkeiten und Besonderheiten berichten und unternahm einen prüfenden Rundgang um die Maschine. Der Heizer baute in dieser Zeit sein Feuer auf, um für die Weiterfahrt spitzen Druck im Kessel zu haben. War alles in Ordnung, konnte die Fahrt weitergehen. Nach dem Verlassen des Bahnhofsbereichs führte die Weiterfahrt unmittelbar in ein leichtes Gefälle über einen langen, hoch aufgeschütteten Damm, welcher an seiner tiefsten Stelle durch eine eiserne, das Flüsschen Nethe überspannende Fischbauchträgerbrücke unterbrochen wurde. Nach Passieren des in drei Kilometern Entfernung liegenden Haltepunktes Amelunxen erreichte der Zug nach weiteren drei Kilometern – immer noch im leichten Gefälle liegend – den 108 m über dem Meeresspiegel liegenden Bahnhof Wehrden. Diese Bahnstation war früher einmal ein markanter kreuzungsfrei angelegter Knotenpunkt sowohl der von Altenbeken nach Nordhausen führenden Hauptstrecke als auch der Bahnlinie Holzminden – Scherfede. In den 60er-Jahren aber hatte der Bahnhof stetig an Bedeutung verloren, was später zu seiner endgültigen Schließung führte.

Bereits wenige hundert Meter hinter dem Bahnhof erreichte die Bahn das an dieser Stelle steil abfallende Ufer der Weser. Der Fluss wurde an dieser Stelle durch eine nach der Sprengung am Ende des Zweiten Weltkrieges anschließend nur noch eingleisig wieder in Betrieb genommenen großen eisernen Brücke überspannt. Die Weserbrücke durfte – gemäß Buchfahrplan – nur mit einer auf 40 km/h begrenzten Höchstgeschwindigkeit befahren werden.

Auf der weiteren Fahrt führte die Strecke zunächst in südliche Richtung über die Haltepunkte Meinbrexen und Lauenförde. Auf diesem Abschnitt herrschte seit 1948 eingleisiger Betrieb. Im Süden von Lauenförde schwenkte die Bahn hinter dem gleichfalls in der Ebene liegenden Haltepunkt Würgassen erneut in östliche Richtung. Auf diesem Abschnitt konnten die dampfgeführten Güterzüge ihre volle fahrplanmäßige Geschwindigkeit ausfahren. Östlich von Würgassen folgte die Bahn erneut, zunächst in einer lang gestreckten Kurve, vor dem Bahnhof Karlshafen dem Lauf der Weser. Die steil abfallenden Hänge des Sollings überragen an dieser Stelle etwa 300 Meter hoch den unmittelbar am Flussbett verlaufenden Schienenstrang. Im Anschluss daran folgte die Bahnstrecke dem kurvenreichen Lauf der Weser, bis die Trasse nach einigen Kilometern den 630 Meter langen, im Jahre 1878 fertiggestellten Wahmbecker Tunnel durchquert. Der Tunnel lag in einem Bogen und in einer schwachen Steigung (1 : 250). Zehn Kilometer östlich von Karlshafen erreichten die Züge schließlich den in 118 Metern Meereshöhe gelegenen Bahnhof Bodenfelde. In Bodenfelde, einem planmäßigen Haltepunkt für Reisezüge, begann eine eingleisige, über Adelebsen nach Göttingen führende Nebenstrecke. Diese Bahnlinie verlief bis zum fünf Kilometer entfernten Haltepunkt Vernawahlshausen parallel zu der Hauptbahn nach Northeim. Auf diesem Abschnitt bestand für die bis zu 1.260 t schweren Güterzüge die letzte Möglichkeit, vor der nun

---

Vorige Seite: Mit blechernem Dröhnen und kräftiger schwarzer Rauchentwicklung befuhr die 044 195 mit dem Dg 53849 am 21. Mai 1976 gegen 14.45 Uhr die über das romantische Flüsschen Nethe führende stählerne Fischbauchträgerbrücke in Richtung Herzberg. Es ist wenig bekannt, dass die ursprünglich als steinerne Bogenbrücke ausgelegte Überquerung der Nethe am 4. Februar 1909 nach einem starken Hochwasser einstürzte und dabei ein sich von Wehrden her nähernder Güterzug nur Dank der schnellen Reaktion eines Rottenarbeiters einer Katastrophe entging. Bereits im Frühjahr 1910 konnte eine neue, auf zwei tiefer gegründeten Pfeilern ruhende, nunmehr in stählerner Bauweise ausgeführte Brücke dem Verkehr übergeben werden. Unmittelbar hinter der Bahnhofsausfahrt von Ottbergen überquert die nach Osten führende Bahnstrecke auf einem hoch aufgeschütteten, fast 900 m langen Damm das Tal bis zur gegenüberliegenden Seite.

Aufnahme: Ulrich Winterhoff

beginnenden starken Steigung Schwung zu holen.
Im Bahnhof Bodenfelde begann auch der allmähliche Anstieg auf die Höhen des Sollings. Die Steigung nahm östlich des Bahnhofs Vernawahlshausen bis zu 1 : 90 zu. Die starke Steigung wird allein schon dadurch dokumentiert, dass Bodenfelde noch in 118 Metern, Vernawahlshausen bereits in 137 Metern und der Bahnhof Uslar schließlich in 180 Metern über NN liegt. Auf diesem Abschnitt erreichten die schweren, von Dampfloks gezogenen Güterzüge kaum mehr als 25 km/h.
Östlich des Bahnhofs Uslar setzte sich die starke Steigung fast konstant bis zum Brechpunkt im Ertinghäuser Tunnel fort. Dort hatten die Züge dann eine Höhe von 259 Meter erreicht. Hinter dem Bahnhof Uslar führte die Strecke zunächst über einen hohen, künstlich aufgeschütteten Damm durch eine landschaftlich schöne Umgebung bis zum sechs Kilometer entfernt liegenden Bahnhof Volpriehausen. Zwischen beiden Bahnhöfen überwanden die Züge einen Höhenunterschied von exakt 57 Metern. Etwa eineinhalb Kilometer hinter Volpriehausen folgte der Eingang zum 960 Meter langen Ertinghäuser Tunnel. Hatte der Dampfzug erst einmal diesen Punkt erreicht, konnten Personal und Maschinen aufatmen. Etwa in der Tunnelmitte befand sich der höchste Punkt der Strecke, welche von nun an in starkem Gefälle ins Leinetal nach Northeim hinunterführte. Bis Northeim hatte der Heizer weitgehend Pause und konnte sich von den vorausgegangenen Anstrengungen erholen. Er brauchte nicht zu feuern, denn allein schon durch sein Eigengewicht rollte der Zug in voller Fahrt zu Tal. Gemäß Buchfahrplan waren auf diesem Abschnitt 80 km/h für die dampfgeführten Güterzüge zugelassen. Während der idyllisch und inmitten einer Waldlandschaft gelegene Haltepunkt Ertinghausen noch auf 251 Meter Meereshöhe lag, fiel die Strecke bis zum drei Kilometer entfernten Bahnhof Hardegsen auf 224 Meter. Nach dem Passieren einer langen, in einem tiefen Einschnitt liegenden Linkskurve, an deren Ende das große Zementwerk Hardegsen lag, öffnete sich die Landschaft. Hier verließ die Strecke die Höhenzüge des Sollings. Nun begann ein sehr starkes Gefälle mit Neigungen bis 1 : 79. Auf der Fahrt zum 14 Kilometer entfernten Bahnhof Northeim, der an der Nord-Süd-Magistrale Hannover – Göttingen – Kassel – Bebra lag, überwanden die Güterzüge bei ihrer Talfahrt einen Höhenunterschied von 104 Metern. Vor den Einfahrt in den Bahnhof Northeim überquerten die Züge auf einer steinernen Bogenbrücke die Leine.

An der östlichen in Richtung Northeim gelegenen Ausfahrt des Bahnhofs Ottbergen, kurz vor der abendlichen Abfahrt des Dg 53853 etwa gegen 18.20 Uhr am 9. April 1976: Der Heizer hat auf der 044 389, die an diesem Tage als Zuglok fungiert, kräftig »eingekachelt«, Feuer und Kesseldruck – bis zum Säuseln der Sicherheitsventile – sind nun für die bevorstehende Fahrt nach Herzberg gut vorbereitet.
Zur Freude des Fotografen produziert die Maschine eine turmhohe, pechschwarze Qualmwolke, die kerzengerade in die Höhe steigt und in einem vortrefflichen Kontrast zu dem geröteten Abendhimmel steht. Den in Hamm Rbf zusammengestellten Durchgangsgüterzug hatte man in Altenbeken auf Dampflok umgespannt und er erhielt dort um 18.23 Uhr planmäßig Ausfahrt. Erst gegen 20.48 kommt der Zug planmäßig in Herzberg an.

Vier Tage zuvor, am 5. April 1976, war die 044 682 an der Reihe, den Dg 53853 nach Herzberg zu ziehen. Pünktlich um 18.23 Uhr klappte das Ausfahrsignal in die Höhe und der Zug erhielt mit Rücksicht auf die zu durchfahrenden Weichen das Signal »Hp 2«, das bedeutet Ausfahrt mit einer Höchstgeschwindigkeit von maximal 40 km/h. Eine beeindruckend schöne Rauch- und Dampfwolke stieg unmittelbar danach in den Abendhimmel, als der Meister den Regler seiner Lokomotive vorsichtig öffnete und die 044 682 mit ihrem mit mehr als 1.200 t nahezu ausgelasteten Güterzug Fahrt aufnahm. Diese Durchgangsgüterzüge gehörten zu den hochwertigen Leistungen der Ottbergener Maschinen in den letzten Jahren des Dampfbetriebes in dieser Region. Drücken die beiden Bilder dieser Doppelseite nicht die besondere, nur bei Einsätzen von Dampflokomotiven entstehende atemberaubende Atmosphäre des Bahnbetriebs aus?

Am frühen Morgen des 3. April 1976, dem ersten Tag seines zweiwöchigen Osterurlaubs in Ottbergen, wurde der Autor sogleich mit einer außerplanmäßigen und seltenen Dampfloküberraschung beglückt, als bei noch vollständig bedecktem Himmel zwei Jumbos, die Lokomotiven 044 209 und 044 534, unmittelbar nach dem aus Herzberg eingefahrenen, mit 044 149 bespannten Ng 63242 aus Ottbergen in Richtung Northeim ausfuhren und in recht flotter Fahrweise daherkamen. Die Maschinen waren of-

fenbar für Sonderdienste bestimmt. Die Heizer auf den Loks hatten es wohl etwas zu gut gemeint, sodass beide derart Furcht erregende, durch den herrschenden Westwind über den ganzen Horizont verteilte Qualmwolken ausstießen, wie sie der Autor in dieser Intensität nur ganz selten erlebt hatte. Da die beiden räuchernden Schienengiganten sehr überraschend bei ziemlich ungünstigen Lichtverhältnissen herangedampft kamen, entstanden diese schon fast bedrohlich wirkenden Momentaufnahmen.

Nachschuss auf die auf der vorherige Seite abgebildeten Lokomotiven, die die halbe Ortschaft Ottbergen mit ihren Qualmwolken verfinsterten. Fast schon elegant legten sich die beiden als Leerfahrt verkehrenden schweren Güterzuglokomotiven in die Kurve. Beim Betrachten dieser eindrucksvollen Aufnahme meint man den weichen Drillingstakt der entschwindenden Maschinen förmlich zu hören. Im Vordergrund ist das Eisengeländer der Nethebrücke zu sehen.

Am 10. April 1976 gegen 6.25 Uhr zeigt das Einfahrsignal von Ottbergen freie Fahrt mit zwei Flügeln und Geschwindigkeitsbegrenzung (Hp 2) für den morgendlichen, aus Herzberg kommenden Ng 63242 mit seiner Lokomotive 044 389. Offenbar hatte aber der Lokführer das beachtliche Zuggewicht und die kurze Steigung bis in den Bahnhof hinein unterschätzt, denn in der engen Rechtskurve vor der Nethebrücke musste er noch einmal den Regler öffnen. Die Maschine lässt wieder ihre kraftvolle Drillingsstimme ertönen und stösst eine prächtige schneeweiße, fast wattebauschähnliche Abdampfwolke in die klare und kalte Luft des beginnenden Tages. Damit bot sich dem Fotografen die Gelegenheit, eine imposante Sinfonie des Dampfes im Gegenlicht festzuhalten. Für die 044 389 und ihre Mannschaft war kurze Zeit später die Frühschicht zu Ende. Eine frisch aufgerüstete Lokomotive mit neuer Besatzung – an diesem Tage war es die 044 552 – übernahm bis Altenbeken die planmäßige Weiterbeförderung des Zuges.

44 256

Der Durchgangsgüterzug 53840 passiert am 15. Mai 1976 das im Hintergrund liegende malerische Dörfchen Amelunxen, kurz bevor der Zug den kleinen, in einer Linkskurve gelegenen Einschnitt vor dem nach Ottbergen führenden langen Damm erreicht hat. An diesem Tag hatten Eisenbahnfreunde dafür gesorgt, dass der weiße Anstrich der Pufferränder an der 044 256 erneuert worden war und gleichzeitig wieder die ursprüngliche Bezeichnung »44 256« an der Rauchkammer prangte.

Nur wenig Mühe bereitete der bis Ottbergen ausnahmsweise nur wenig ausgelastete Ng 63242 der 044 678 am Morgen des 13. April 1976, den sie unter einen langen weißen Dampffahne, unmittelbar vor dem Passieren der Nethebrücke in westliche Richtung beförderte. In wenigen Augenblicken wird der Lokführer den Regler schließen und den Zug auf den Gütergleisen des Bahnhofs Ottbergen ausrollen lassen.

Winterstimmung bei Ottbergen: Es war bitterkalt und eine leichte Schneedecke hatte am 21. Februar 1976 die Landschaft mit ihrer weißen Pracht überzogen. Die 044 209 befuhr mit einer prächtigen Dampfwolke mit dem für Herzberg bestimmten nachmittäglichen Dg 53849 am Haken den bereits beschriebenen Damm auf der Fahrt in Richtung des Haltepunktes Amelunxen. Fast lautlos und ohne Anstrengung scheint der Zug auf dem Schienenstrang dahinzugleiten.
Aufnahme: Hilmar Glinski

Als Schattenriss im Gegenlicht hob sich am Morgen des 12. April 1976 der Ng 63242 mit seiner Zuglokomotive, der 044 209, auf dem langen, hoch angeschütteten Eisenbahndamm kurz vor dem Bahnhof Ottbergen gegen den von der aufgehenden Sonne rötlich erleuchteten Himmel ab. Gerade hat der Meister den Regler seines schwarzen Schienenkolosses endgültig geschlossen und ein kleines weißes Dampfwölkchen schwebt als letztes Überbleibsel der Bergfahrt noch über den Güterwagen.

Gerade hat am 14. April 1976 der Dg 53842 mit seiner Lokomotive 044 552 den Bahnhof Wehrden in Richtung Ottbergen durchfahren. Wehrden war früher ein wichtiger Kreuzungspunkt der Strecken Altenbeken – Nordhausen und Holzminden – Scherfede, der aber bereits in den 60er-Jahren zunehmend an Bedeutung verlor, worauf schließlich in den 80er-Jahren – ähnlich wie bei vielen anderen DB-Anlagen und Einrichtungen – Stilllegung, Abriss und Auflassung des Bahnhofs erfolgten. Die Aufnahme wurde von der die beiden Strecken überspannenden Brücke der Bundesstraße B 83 aufgenommen.

Verschiedentlich befuhren auch für den Truppenübungsplatz Sennelager bestimmte Militärzüge (Dgm) die Sollingstrecke. Hier überquert am 29. April 1976 die 044 462 mit einem solchen Zug die Weserbrücke bei Wehrden. Nach der Sprengung der Brücke am Ende des Zweiten Weltkrieges wurde die große eiserne Brückenkonstruktion bis zum Dezember 1948 nur noch eingleisig wiederhergestellt. Wie an den blühenden Sträuchern am rechten Bildrand erkennbar, sind die ersten Vorboten des Frühlings bereits bis ins Tal der Weser vorgedrungen.

Am 30. August 1975 befuhr die Schürzenmaschine 044 434 mit dem Dg 53840 gegen 13.50 Uhr die nur eingleisige Weserbrücke bei Wehrden. Die Geschwindigkeit der Züge war wegen des schlechten baulichen Zustandes der Brücke auf 40 km/h begrenzt. Diese Teleaufnahme entstand vom Hang des steil abfallenden Westufers der Weser.

Die 044 193 donnert am Morgen des 8. August 1975 gegen 6.25 Uhr vor ihrem Dg 53845 nach Herzberg in der Nähe des Haltepunktes Meinbrexen über die nicht weit von der Weser entfernt liegenden Bahnstrecke in südliche Richtung. Nach der Geschwindigkeitsbegrenzung auf der Weserbrücke bei Wehrden befindet sich der Zug wieder in der Beschleunigungsphase – die Strecke lässt hier für Güterzüge eine Höchstgeschwindigkeit von 75 km/h zu.

Am 2. August 1975 war es die 044 381, die den Dg 53845 im morgendlichen Gegenlicht als dunklen Schattenriss über das filigrane Bauwerk der Wehrdener Weserbrücke schleppte.
Aufnahme: Ulrich Winterhoff

Im Abschnitt zwischen Würgassen und Karlshafen verläuft die Strecke in Richtung Northeim an den zum Teil steil abfallenden Hängen des Sollings unmittelbar am Weserufer entlang. Am Nachmittag des 17. Juli 1975 kurz vor 15 Uhr donnerte die 044 381 vor der schier endlosen Wagenschlange des Dg 53849 mit etwa 80 km/h durch diesen unmittelbar vor dem Bahnhof Karlshafen gelegenen landschaftlich überaus reizvollen Bereich. Dem schwarzen aus dem Schornstein der Lokomotive entweichenden Qualm und der hohen Fahrgeschwindigkeit war es anzusehen, dass der Heizer für die bevorstehende anstrengende Fahrt in den Solling bereits tüchtig Kohle aufgelegt hatte. Wie man sieht, führt auch an diesem Tag der aus der großen Entfernung fast wie Spielzeug wirkende Zug nahezu Grenzlast. Bei der Maschine handelt es sich um eine der wenigen übriggebliebenen Maschinen der Kriegsausführung mit nur einem Seitenfenster.

Am 12. April 1976 war es die 044 334, die den Dg 53849 am Weserufer bei Karlshafen bespannte. Das im Hintergrund erkennbare Einfahrtsignal des Bahnhofs Karlshafen zeigt Hp 1, also freie Fahrt für die gemäß Buchfahrplan vorgesehene Höchstgeschwindigkeit des Güterzuges. Im Gegensatz zur im gleichen Bereich entstandenen Abbildung der vorhergehenden Seite sind die Berghänge jahreszeitlich bedingt noch nicht belaubt und lassen die schroffen Felsformationen daher noch besser hervortreten

Am frühen Vormittag des 5. April 1976 – bei herrlichem Vorfrühlingswetter – benutzte der Autor mit seiner Bezirkswochenkarte einen Personenzug zwischen Northeim und Ottbergen, als völlig überraschend im Weserabschnitt bei Karlshafen ein von der 044 381 gezogener Bauzug in der Gegenrichtung daherkam. Zum Glück gelang aus dem Zugfenster noch ein Nachschuss auf diese sehr sehenswerte, aus allen möglichen alten Reisezug- und Güterwagen gebildete Garnitur. Auf der anderen Seite aber war es für den Autor schon sehr ärgerlich, von dieser Sonderleistung vorher nichts gewusst zu haben, denn andernfalls wäre dieser Zug in der täglichen Tourenplanung selbstverständlich mit berücksichtigt worden.

In der Gegenrichtung aus Richtung Northeim kommend, hatte am Nachmittag des 20. Mai 1976 die 044 360, die Bundesbahn hatte sie erst im Januar 1976 von Emden nach Ottbergen umbeheimatet, mit dem Dg 53842 den Bahnhof Karlshafen fast erreicht. Hier passiert sie in leichtem Gefälle den unmittelbar an der Weser entlangführenden, landschaftlich sehr schön gelegenen Streckenabschnitt vor Karlshafen. Auch die 044 360 gehörte damals zu den selten Maschinen, die noch das Kriegsführerhaus mit nur einem Seitenfenster besaßen.

Am 29. Juli 1975 war es die 044 390 die hier auf dem Abschnitt zwischen Karlshafen und Bodenfelde, der großen Weserschleife, den Dg 53849 in Richtung Herzberg führte. Die Aufnahme, die diesen durch die herrliche Flusslandschaft fahrenden und endlos langen Güterzug in nahezu seiner ganzen Größe zeigt, entstand vom anderen Flussufer aus am Rande der ebenfalls durch das Wesertal führenden Bundesstraße B 80. Parallel zu diesem Foto entstand auch eine lange und sehenswerte Super-8-mm-Filmszene. Auch auf diesem Bild wird sichtbar, dass die Bahntrasse in einer sicheren Höhe zum Fluss angelegt worden war, denn sehr schnell konnte sich das so friedlich dahinfließende Gewässer in einen reißenden Strom verwandeln.

Nach einigen Kilometern verlässt die Bahnstrecke das landschaftlich schöne Tal der Weser und führt auf seinem weiteren Weg nach Osten mit dem 630 m langen Wahmbecker Tunnel unter einem Gebirgsausläufer hindurch in Richtung Bodenfelde. In der in einem Bogen liegenden zwischen 1875 und 1877 gebohrten Tunnelröhre steigt die Strecke in Richtung Bodenfelde mit 1 : 250 zunächst nur schwach an. Die Dampfzüge donnerten hier meist mit »vollem Rohr« hindurch, um für die beginnende Steigung über den Solling ausreichend Fahrt zu haben. Am 18. Mai 1976 war es der morgendliche Dg 53845, der mit der 044 209 hier gegen 6.35 Uhr in voller Fahrt und mit einem gewaltigen Pilz aus Rauch und schneeweißem Dampf aus der östlichen Tunnelausfahrt herausgeprescht kam und die Stille durchbrach. Weiße Dampfschwaden wälzten sich aus dem Tunnelportal und es dauerte sicherlich eine ganze Weile, bis diese aus der verräucherten Röhre wieder abgezogen waren.
Aufnahme: Ulrich Winterhoff

044 534-6

Zwei Wochen zuvor, am 5. Mai 1976 hatte die 044 534 mit dem Dg 53845 die gleiche Leistung nach Herzberg zu fahren. Auch auf dieser Abbildung ist eine ähnliche Wirkung zu beobachten, als die aus dem Tunnel herausrasende Maschine eine gewaltige Dampfwolke ausstoßend, zischend und fauchend in den Bereich des Kamerasuchers des Fotografen hineinfuhr. Noch minutenlang konnte man den schwer arbeitenden Dampfzug in der Ferne hören, bis an dieser einsamen Stelle wieder Ruhe eingekehrt war.

Bereits um 5.55 Uhr verließ, nach einem 25-minütigen Aufenthalt, der zwischen Herzberg und Hamm Rbf verkehrende Ng 63242 den Bahnhof Bodenfelde in westliche Richtung. Hier ist dieser lange Zug beim Kilometer 23,8, etwa drei Kilometer außerhalb dieses Bahnhofs in Richtung Karlshafen unterwegs. Die noch kalte Luft des frühen Morgens begünstigte die Dampfentwicklung der Lokomotive und ließ diese sich im Gegenlicht sehr vorteilhaft gegen den klaren Himmel abzeichnen. Diese Aufnahme ist auch ein Indiz dafür, wie früh ein wirklich engagierter Dampflokfotograf schon auf den Beinen sein musste, um zu solchen Bildern zu gelangen.
Aufnahme: Ulrich Winterhoff

Ein wenig diesig und kühl war es am Morgen des 22. Mai 1976, als die 044 389 mit dem Dg 53845 eine lange Rechtskurve vor Bodenfelde befuhr. Der Boden erzitterte, als die Maschine mit wirbelnden Stangen und schmetterndem Drillingstakt am Fotografen vorbeidonnerte. Nur eine gute Woche später sollten solche dynamischen Bilder der Vergangenheit angehören. Ein wichtiges und oft vertretenes Ladegut in der West-Ost-Richtung waren die auf den ersten Rungenwagen erkennbaren Stahlrohre, die in der DDR für Pipelines oder ähnliche Zwecke benötigt wurden.
Aufnahme: Ulrich Winterhoff

Besteigen wir nun in Gedanken den Führerstand einer 44er: Solche Fahrten boten immer eindrucksvolle Erlebnisse und der Autor ist heute, in der dampflosen Zeit, noch denjenigen Lokpersonalen zu großem Dank verpflichtet, die ihm die vielen Fahrten – fast immer unter Umgehung des Dienstweges – ermöglicht haben. Der 6. Mai 1976 bot dem Fotografen Gelegenheit, bei einem freundlichen Personal auf der 044 180, die den Dg 53842 von Herzberg nach Altenbeken zu ziehen hatte, bis Ottbergen mitzufahren. In der Nähe von Uslar erfolgte an diesem Tag die Begegnung mit dem entgegenkommenden Dg 53849, der von 044 389 geführt wurde. Diese Zugkreuzung wurde vom Heizerplatz des Führerstandes gekonnt im Bilde festgehalten.
Aufnahme: Ulrich Winterhoff

044 334-1

Hier ist es nochmals der auf diesem Abschnitt bis zu 1.500 t schwere Ng 63242 in der Frühe, der am 14. Mai 1976 von der dreizylindrigen 044 334 zwischen Bodenfelde und Karlshafen befördert wurde. Entsprechend intensiv war auch die Dampfentwicklung der Maschine, als sie nach dem Halt in Bodenfelde, bei welchem in der Regel noch zusätzliche Waggons angehängt wurden, ihren schweren Zug wieder in Fahrt bringen musste und so auf eindrucksvoller Weise herangekeucht kam. Gerade wegen des bedeckten Himmels und der hohen Luftfeuchtigkeit entstand eine faszinierendes Stimmungsbild, das den Alltag einer voll beanspruchten Dampflok im schweren Güterzugdienst gekonnt zeigt.
Aufnahme: Ulrich Winterhoff

Nebel hüllte am Morgen des 25. Mai 1976 die Landschaft ein, als sich die Schürzenmaschine 044 067 mit dem ellenlangen Ng 63242 pünktlich um 5.55 Uhr aus dem Bahnhof Bodenfelde scheinbar hinausquälte. Bei diesen sehr schlechten und dunklen Lichtverhältnissen kamen Lok und Zug als dunkle Schatten daher. Die starke Güterzuglokomotive musste schon ihre ganze Kraft einsetzen, um die schwere Last zunächst im Schritttempo nach dem Bahnhofshalt bei dem feuchtnassen Wetter zu beschleunigen. Die Ausfahrt verlangte vom Lokführer äußerste Konzentration und viel Fingerspitzengefühl am Regler, damit die Maschine bei einem derart gewaltigen Zuggewicht nicht ins Schleudern kam. Auch der Heizer wurde nicht arbeitslos, denn eine solche Anfahrt aus dem Stand heraus, verbrauchte schon einiges an Dampf und Kohlen.
Aufnahme: Ulrich Winterhoff

Am Morgen des 7. August 1975 war es noch ein wenig diesig, was auf einen schönen und sonnigen Tag hindeutete. Der Autor hatte sich wie immer schon in aller Herrgottsfrühe von Nachtlager in seinem Quartier in Volpriehausen erhoben und war mit einem Personenzug nach Bodenfelde angereist, um den dort zu erwartenden Zugverkehr aufs Korn zu nehmen. Der Dg 53845 in Richtung Herzberg befand sich seit der Ausfahrt aus Ottbergen gegen 6.15 Uhr wieder auf der Strecke und spätestens seit der Ausfahrt aus dem Wahmbecker Tunnel war das grummelnde und dröhnende Fahrgeräusch der schwer schuftenden 044 492 zu hören. Hier kommt der Zug gegen 6.44 Uhr, eine lange Schleppe aus Rauch und Dampf hinter sich herziehend, in der Rechtskurve kurz vor dem Bahnhof Bodenfelde angefahren.

Etwa eine Dreiviertelstunde zuvor, am gleichen Morgen, war es die 044 067, die den werktags verkehrenden Ng 63242 aus dem Bahnhof Bodenfelde herausschleppte. Auch diese Lok hatte wieder eine ansehnliche Last am Zughaken. Da dieser Zug Volpriehausen, wo sich der Autor in einem kleinen Privatzimmer einquartiert hatte, bereits um 5.07 Uhr durchfuhr, konnte dieser auf Talfahrt befindliche Nahgüterzug auf Grund der noch schlechten frühmorgendlichen Lichtverhältnisse dort meist nur unbefriedigend aufgenommen werden.

Bei tief stehender Abendsonne kurz vor 19 Uhr, wurde am 24. Mai 1976, nur wenige Tage vor dem endgültigen Aus für die Ottbergener Dampflokomotiven, die 044 381 mit dem Grenzlast führenden Dg 53853 (Laufweg Hamm Rbf – Herzberg) bei der Ausfahrt aus dem Bahnhof Bodenfelde in Richtung Vernawahlshausen angetroffen. Das dreizylindrige Arbeitsgeräusch der Dampflokomotive signalisierte bereits aus größerer Entfernung ihr Kommen. Wie man an der langen, schwarzen Rauchfahne erkennen konnte, hatte der Heizer seine Feuerungstätigkeit für die Bergfahrt wieder aufgenommen, um vollen Kesseldruck für die nun immer stärker werdende Steigung in den Solling zu gewährleisten. Dieses Schauspiel, das der Dampfbetrieb hier dem Eisenbahnfreunden bot, sollte leider nur noch ganz kurze Zeit dauern.

Bereits um die Mittagszeit des 6. August 1975 musste sich der Autor, der mit einem Personenzug aus Richtung Uslar im Bahnhof Vernawahlshausen eingetroffen war, zu Fuß auf den Weg machen, um die beiden nachmittäglichen, in kurzem Abstand hintereinander zu erwartenden Durchgangsgüterzüge von der gegenüberliegenden Talseite aus fotografieren und filmen zu können. Das durch die ungünstige Zugverbindung verursachte lange Warten lohnte sich schließlich: Auf Grund der großen Entfernung war es aber leider in beiden Fällen nicht möglich, die Nummern der Lokomotiven zu entziffern. Etwa um 14.57 Uhr rollte zunächst der Dg 53842 aus Richtung Herzberg in schneller Fahrt und ohne Anstrengung talwärts. Knapp eine Viertelstunde später bereits, war das typische Arbeitsgeräusch einer 44er aus Richtung Bodenfelde zu vernehmen. Gegen 15.17 h kam dann der bergwärts strebende Dg 53849 ins Blickfeld und in den folgenden Momenten, in dem der Zug durch den Sucher der gleichzeitig laufenden Filmkamera betrachtet werden konnte, wurde die anfänglich noch schnelle Fahrt des Zuges bis zum 137 m hoch gelegenen Bahnhof Vernawahlshausen schon sichtlich langsamer. Kein Wunder, denn auf der fünf Kilometer langen Distanz von Bodenfelde aus steigt die Bahnstrecke bereits um 19 Meter. Nachdem in dem bewaldeten Tal schließlich wieder Ruhe eingekehrt war, spielte sich für den Autor – damals Fußgänger und Bahnfahrer – nichts mehr ab. Mit einem Personenzug ging es dann am späten Nachmittag zurück nach Volpriehausen, wo er schließlich gegen 19.22 Uhr noch die Durchfahrt des von der 044 067 geführten Dg 53853 im letzten Abendlicht bewundern konnte.

Der von Ottbergen bereits morgens ab 4.12 Uhr in Richtung Herzberg verkehrende Ng 64431 war vom Zuggewicht her ebenfalls meist gut ausgelastet und ist uns bisher in diesem Buch noch nicht begegnet. Am 25. Mai 1976 aber konnte dieser sehr frühe Güterzug mit seiner 044 319 nach einem kurzen Zwischenhalt in Bodenfelde bereits gegen 4.50 Uhr im schwierigen Steigungsabschnitt in der Nähe von Vernawahlshausen bei anstrengender Bergfahrt von Ulrich Winterhoff in Form eines Nachschusses mit der gerade aufgegangenen Sonne fotografiert werden. Der noch recht kühle Morgen ließ eine prächtige Dampfentwicklung entstehen. Lokführer und Heizer mussten ihr Bestes geben, um den schweren Nahgüterzug über die Steigung heraufzubringen. Noch lange konnte man die Stimme der sich abmühenden Lokomotive vernehmen. Kaum minder erwähnenswert war auch die Leistung des Fotografen, der für diese Aufnahme seinen Schlaf bereits um 3 h in der Frühe abbrechen musste um sich anschließend – wohlbemerkt zu Fuß – an den mehr als sechs Kilometer entfernten Fotopunkt zu begeben!
Aufnahme: Ulrich Winterhoff

Für den Nachmittag des 7. August 1975 hatte der Autor eine Führerstandsmitfahrt zwischen Ottbergen und Herzberg mit einem sehr freundlichen Lokführer abgesprochen, mit dem er im Bw Herzberg ins Gespräch gekommen war. Dieses Mal war es die 044 067, die den Dg 53849 mit einem Gewicht von 1.222 t zu befördern hatte. Der Zug sollte planmäßig um 14.43 Uhr den Bahnhof Ottbergen verlassen. Am Regler stand Günter Nolte, ein bewährter und erfahrener Oberlokführer aus dem Bw Ottbergen. Auch diese Fahrt wurde zu einem herrlichen Erlebnis, nicht zuletzt deshalb, weil der Zug wieder fast Grenzlast zu ziehen hatte. Aus heute nicht mehr nachvollziehbaren Gründen konnte der Güterzug erst mit reichlicher Verspätung Ottbergen verlassen, und daher war es nicht verwunderlich, dass trotz einer überaus rasanten Fahrt und aller Bemühungen des Lokpersonals – der arme Hei-

zer, der wie ein Wilder bei der Hitze die Kohlen zentnerweise über den gefräßigen Rost verteilen musste, war wirklich zu bedauern – unser Zug in Uslar zur Überholung durch einen Schienenbus »in die Ecke gestellt« wurde. Noch bevor der Schienenbus vorbeigezogen war, zeigte das Ausfahrtsignal »Fahrt frei«, und aus der Gegenrichtung kam der – ebenfalls stark verspätete – Dg 53842 aus Herzberg mit der 044 492 herangerollt. Im Blockabstand ging es dann weiter die Steigung nach Ertinghausen hinauf. Die Rückfahrt wurde ebenfalls auf dem Führerstand mit dem Dg 53848 (ab Herzberg um 19.49 Uhr) angetreten, der an diesem Tag aber nur 676 t schwer war. Außerplanmäßig hielt der Zug um 20.57 Uhr im Bahnhof Volpriehausen, wo der Autor sein Quartier hatte. Ein ereignisreicher Tag war damit zu Ende gegangen.

Gegen 15.30 Uhr, am 29. Juli 1975, zog die 044 390 den Dg 53849 über den langen in starker Steigung liegenden Damm, der östlich des Bahnhofs Uslar aufgeschüttet worden war. Obwohl die Lokomotive auf dieser Steigung schon einige Mühe hatte und mit einer Geschwindigkeit von kaum mehr als 25 km/h dahinfuhr, stampfte sie praktisch rauchlos bergan, was ein Zeichen für die geübte und vorbildliche Feuerführung des Heizers war.

Bei noch bedecktem und diesigem Himmel erklimmt mit trommelndem Drillingstakt die 044 492 mit dem morgendlichen Dg 53845 am 24. Juli 1975 gegen 7.05 Uhr die beachtliche 1 : 94-Steigung in der Nähe der Ortschaft Bollensen in Richtung Volpriehausen. Die motivliche Gestaltung des Bildes mit den Grabkreuzen eines Friedhofs im Vordergrund, lässt auch für die schwer arbeitende 044 eine Art von Abschiedsstimmung aufkommen, obwohl damals den Maschinen noch eine Galgenfrist von knapp zehn Monaten vergönnt war.

Grollen in der Morgenröte. Auf ihrer Fahrt in Richtung Herzberg durchbrach zeitgleich mit der langsam aufgehenden Sonne eine leider nicht identifizierte Lokomotive der Baureihe 044 mit ihrem Nahgüterzug Ng 64431 die noch allgegenwärtige Stille. Es war der Morgen des 25. Juli 1975 kurz nach 5 h in der Nähe des Ortes Bollensen östlich von Uslar. Schon etwa 15 Minuten vorher war das harte, immer stärker anschwellende Arbeiten der gut ausgelasteten Maschine in der Ferne zu vernehmen. Auch der Nachhall des entschwindenden Zuges war noch lange zu hören. Diese Gegenlichtaufnahme dokumentiert auf eindrucksvolle Weise die dem Dampfbetrieb innewohnende faszinierende Stimmung, die weder Elektro- noch Dieselloks bieten können. Es ist fast müßig zu erwähnen, dass diejenigen, die eine solche Atmosphäre miterleben wollten, sich schon sehr zeitig aus den Federn begeben mussten.

044 360-6

Ein geradezu atemberaubend schönes Schauspiel wurde dem Fotografen am Morgen des 25. Mai 1976 – nur eine Woche vor dem leider unvermeidlichen Ende des Dampfbetriebs auf dieser Strecke – gegen 7.14 Uhr geboten. Diese herrliche Fotoserie dokumentiert die schwere Bergfahrt der 044 360, die den morgendlichen Dg 53845 mit einer kräftigen Wolke aus Dampf und Rauch die starke Steigung der Westrampe zum Ertinghäuser Tunnel bei Volpriehausen hochzieht und dabei die westliche der beiden fotogenen Steinbrücke in diesem Abschnitt unterfährt. Noch ist das Ende der kilometerlangen Steigung nicht erreicht. Bis zum im Ertinghäuser Tunnel gelegenen 259 m hohem Brechpunkt sind noch weitere 22 m Höhenunterschied zu überwinden. Die schwarzen Ablagerungen von Rußpartikeln des Abdampfes auf der bergwärts gerichteten Seite des Bauwerkes sind deutlich zu erkennen. Solche dynamischen Bilder ließen den Abschied von den geliebten schwarzen Schienenkolossen besonders schwer fallen.
Aufnahmen: Ulrich Winterhoff

Bereits am 15. Mai 1974 aufgenommen wurde die Bergfahrt des von Ottbergen nach Herzberg verkehrenden mittäglichen Dg 6771 mit der 044 277. Diese Maschine gehörte zu jenen letzten drei 44ern, die im Rahmen der von der BD Hannover initiierten Konzentration dieser Baureihe beim Bw Ottbergen am 24. April 1974 vom Bw Lehrte nach dort umstationiert worden waren. Der Standort für diese Aufnahme lag am steilen Hang oberhalb der westlichen Ausfahrt des Ertinghäuser Tunnels und öffnet den Blick auf den langen, schweren Wagenzug und seine nahezu rauchlos langsam bergan stampfende Dampflokomotive. Das große Loch im Kohlenvorrat deutet auf die Bemühungen des Heizers hin. Nach wenigen hundert Metern wird die Strecke abwärts ins Leinetal führen.
Aufnahme: Ulrich Winterhoff

Der kleine, einsame in 251 m Meereshöhe gelegene Haltepunkt Ertinghausen an dieser West-Ost-Hauptmagistrale war am 18. August 1975 gegen 14.20 Uhr Schauplatz der anstrengenden Bergfahrt der 044 210, die den aus Herzberg kommenden Dg 53842 über die aus dem Leinetal in den Solling aufsteigende Rampe in Richtung des Ertinghäuser Tunnels qualmfrei beförderte.

Fotoaufnahmen aus einer dunklen Tunnelröhre heraus waren recht risikoreich und nicht gerade ungefährlich. Besonders dann, wenn es sich um eine stark befahrene, in einer Kurve liegende Bahnstrecke ohne vorhandene Tunnelnischen handelte, konnte man leicht von einem Gegenzug überrascht werden. Diese Gefahr aber war im Ertinghäuser Tunnel eher als gering anzusehen, denn die dortige Zugdichte war nicht allzu hoch. So konnte es der Autor am 16. August 1975 riskieren, den von der 044 456 geführten, aus Richtung Northeim kommenden Dg 53840 von diesem Standpunkt aus aufzunehmen. Gut zu erkennen ist auf diesem Bild die starke Neigung der Bahnstrecke, die hier einen Wert von 1: 96 erreicht. Gleich wird die Einheitslokomotive mit dem markanten, tiefen und weithin hallenden Warnpfiff im Tunnel verschwinden.

044 381-2

Am Morgen des 2. August 1975 hatten es Lok und Personal geschafft, als die 044 381 mit dem Dg 53845 am Haken gegen 7.20 Uhr mit geschlossenem Regler aus der dunklen Öffnung des 960 m langen Ertinghäuser Tunnels in Richtung Hardegsen zu Tal fuhr. Lok und Zug hatten gerade den in der Mitte des Tunnels gelegenen Brechpunkt überwunden. Träge entweicht der Abdampf aus dem Lokkamin. An dieser Stelle dürfte die Geschwindigkeit des Zuges bereits etwa 35 km/h betragen haben. Im Verlauf des starken Gefälles hinab in das Leinetal nahm diese aber, allein schon durch das große Gewicht des Wagenzuges, schnell zu, sodass der Lokführer genötigt war, das Bremsventil laufend zu betätigen, um die Fahrgeschwindigkeit nicht zu stark ansteigen zu lassen.

Auf ihrem Weg in Richtung Ottbergen überwand am 21. Mai 1974 die am 9. November 1973 vom Bw Emden nach Ottbergen umbeheimatete 044 326 mit dem Dg 6770 den im Wald zwischen Hardegsen und Ertinghausen befindlichen Steigungsabschnitt. Die damals noch vierstellige Zugnummer wurde – wie nach Beginn des Winterfahrplanes 1974/75 bei der DB allgemein üblich – in 53842 geändert. Der sich durch die engen Kurven windende lange Güterzug wurde in einem günstigen Moment von der gerade voll herausgekommenen Sonne angestrahlt. An diesem Tag gab es immer wieder starke Regenschauer, wie die Pfützen am Wegesrand zeigen.
Aufnahme: Ulrich Winterhoff

Ein für Foto- und Filmaufnahmen nahezu idealer Standort war der in dem tiefen und felsigen Einschnitt in der Nähe des Kalkwerks Hardegsen gelegene langgezogene enge Gleisbogen. Am frühen Nachmittag des 11. August 1975 hatte die 044 210 den gut ausgelasteten Dg 53842 am Haken, als sie sich pünktlich gegen 14.12 Uhr durch diese vorzüglich im Sonnenlicht liegende enge Kurve auf die Höhen des Sollings bergan kämpfte. Dieser Abschnitt war eine der schwierigsten Passagen auf der Ostrampe in den Solling. Mindestens schon eine Viertelstunde vorher, etwa ab des auch als Blockstelle fungierenden Haltepunktes Berwartshausen war die hart an der Reibungsgrenze langsam die starke 1 : 82-Steigung heraufdröhnende 44er deutlich zu vernehmen. Wenige hundert Meter vor Erreichen des Fotopunktes steigerte sich die Aussprache der Maschine zu einem wahren Inferno, welches durch die Schallreflektionen des Zementwerkes noch verstärkt wurde. In einem besseren Schritttempo kroch die schwer arbeitende Lokomotive kurze Zeit später am Standpunkt des Fotografen vorbei. Die gleichzeitig angefertigte Super-8-mm-Filmszene dauerte fast 3,5 Minuten, so langsam fuhr der Zug dahin.

044 209-6

Brütend heiß war es am Nachmittag des 14. August 1975, als die 044 209 gegen 14 Uhr mit dem schweren Dg 53842 an dem östlich des Bahnhofs Moringen gelegenen Schrankenpostens 54 auf ihrem Anstieg in den Solling langsam an Höhe gewann. Wegen der durch die anhaltend trockene Witterung hervorgerufenen Brandgefahr durch Funkenflug der Lokomotive, folgte dem Dampfzug im Blockabstand ein Kleinkraftwagen (Klv) der Bahnmeisterei Northeim als Brandwache. Ab Northeim war für den Heizer auf 18 Kilometer steigender Strecke das Feuer fast pausenlos zu beschicken, damit der Kessel den nötigen Dampf lieferte.

Auf dem langen Bahndamm in der Nähe der westlich des Bahnhofs Moringen gelegenen Ortschaft Lutterhausen quälte sich am 28. Juli 1975 gegen 14.05 Uhr die 044 209 vor dem Dg 53842 mit kaum mehr als Schrittgeschwindigkeit die beschwerliche 1 : 83-Ostrampe in Richtung der Höhenzüge des Solling empor. Das Wetter war an diesem Tage – wie im Sommer des Jahres 1975 überwiegend – heiß und trocken und das Getreidefeld im Vordergrund verhieß den Landwirten gute Ernte.

Ziemlich zum Ende seines sechswöchigen Sommerurlaubs in den Semesterferien des Jahres 1975 lernte der Autor den in Herzberg wohnenden Eisenbahnfreund Bernd Artmann kennen, der ein Motorrad – eine schwere BMW 600 des Baujahrs 1955 mit 37 PS – besaß. Soweit es sich einrichten ließ, gingen wir nun mit diesem schnellen und wendigen Gefährt auf Dampflokjagd. So auch am 27. August 1975, als wir den von der 044 204 bespannten, aus Herzberg kommenden Dg 53842 auf dem Abschnitt zwischen Northeim und Hardegsen verfolgten und insgesamt fünfmal vor die Linse bekamen. Hier donnert die Maschine in der Nähe des Haltepunktes Berwartshausen mit ihrem Güterzug die lange Steigung in Richtung des Bahnhofs Moringen hinauf.

044 084-2

Das Bw Northeim

Die Ursprünge dieses einstmals bedeutenden Bahnbetriebswerkes in Südniedersachsen gehen auf das Jahr 1868 zurück. Mit dem Bau der Südharzstrecke Northeim – Nordhausen entstand dort der erste Lokschuppen. Die hier stationierten Maschinen erlangten sowohl auf der Nord-Süd-Strecke (Hannover – Kassel) als auch in der West-Ost-Richtung (Ruhrgebiet – Mitteldeutschland) bis 1945 große Bedeutung. Nachdem ab 1937 die ersten schweren Güterzugloks der Baureihe 44 im benachbarten Bw Ottbergen stationiert worden waren, kamen diese Maschinen bereits ein Jahr später gleichfalls fabrikneu nach Northeim. Noch in den letzten Kriegstagen fiel das Bahnbetriebswerk einem schweren Luftangriff zum Opfer.

Nach diesen schweren Zerstörungen erfolgte ein nur sehr zögerlicher Wiederaufbau der Anlagen. Erst 1948 wurde eine neue, 26 Meter große Drehscheibe im Bw Northeim eingebaut. Nur wenige Stände des Lokschuppens setzte die Deutsche Bundesbahn wieder instand. Die meisten Northeimer Lokomotiven mussten weiterhin im Freien stehen. Anfang der 50er-Jahre wur-

den zunehmend Maschinen der Baureihe 50 dort beheimatet. Des Weiteren befanden sich – neben der Baureihe 44 – auch Lokomotiven der Baureihen 78, 86 und 94 sowohl für den Personenverkehr als auch für Rangierleistungen im Bestande des Bw Northeim. Die zunehmenden Elektrifizierungsarbeiten führten in den 60er-Jahren zu starken Einbrüchen in den bestehenden Dampflokplänen. Alle Dampflokomotiven wurden schließlich – zuletzt auch die Baureihen 44 und 50 – bis zum Juni 1967 an andere Bahnbetriebswerke abgegeben. Nach der Abgabe des gesamten Lokbestandes wurde das Bw Northeim 1968 zu einer Personaleinsatzstelle des Bw Göttingen zurückgestuft.
Aber auch nach der Aufgabe der Lokunterhaltung blieben die Dampflokomotiven in Northeim weiterhin ständige Gäste. Mit einigen 50er des Bw Goslar (seit 1972 waren es Maschinen des Bw Lehrte) wurde weiterhin der Güterverkehr über Herzberg nach Ellrich abgewickelt. In den letzten Jahren des Dampfbetriebes konnte man auf den Freiständen rund um die Drehscheibe in Northeim ständig mehrere Maschinen der Baureihen 44 und 50 antreffen. Neben den planmäßig benötigten Lokomotiven standen stets mehrere Reservemaschinen unter Dampf, die für die zahlreichen Sonderdienste bereitgehalten wurden und die im Bedarfsfall vereinzelt auch für den Einsatz auf der Nord-Süd-Strecke vorgesehen waren. Da die schweren Schlepptender-Lokomotiven in Herzberg nicht gedreht werden konnten, fiel Northeim bis zum Ende der Dampftraktion in Südniedersachsen eine gewisse Bedeutung als Wende-Bw zu.

Vorige Seite: Lokparade auf den Standgleisen des Bw Northeim am 27. August 1975: Die beiden Schürzenmaschinen 044 084 (Bw Ottbergen) und 050 446 (Bw Lehrte) stehen in schönstem Sonnenschein einträglich nebeneinander. Diese Aufnahme verdeutlicht die baulichen Unterschiede der beiden Güterzugbaureihen, denn der Kessel der für 20 t Achslast ausgelegten 44er ist deutlich dicker als der der leichteren 50er, die lediglich eine Achslast von 15 t besaß. Im Hintergrund ist ein weiterer Jumbo zu erkennen.

Hier ist ein Exemplar der zum Ende der Dampflokzeit bei der DB schon recht selten gewordenen Baureihe 44 mit den schräg heruntergezogenen, sehr fotogen und wuchtig wirkenden Frontblechen auf den Standgleisen des Bw Northeim zu sehen.

044434-9

Während sich auf dieser Seite die 044 381, eine in der Frontpartie »normal« gestaltete Maschine präsentiert (offenbar hatten Eisenbahnfreunde auf dem Trittrost vor der Rauchkammertür eine leere Flasche Weinbrand deponiert), ist auf der gegenüberliegenden Abbildung die gleichfalls beeindruckende Frontansicht der damals bereits seltenen, mit einer Frontschürze ausgerüsteten 050 446 aus dem Bw Lehrte zu sehen. Auch diese Aufnahme verdeutlicht den kleineren und im Vergleich zur Baureihe 44 etwas gefälliger und schlanker wirkenden Kessel der Baureihe 50.

050 446-4

044 566-8

Der Endspurt von Northeim nach Herzberg

Nur kurz war normalerweise der Aufenthalt der Dampfgüterzüge in dem an der Nord-Süd-Strecke in 120 Metern Meereshöhe gelegene Bahnhof Northeim. Meist ging die Fahrt schon nach einem kurzen Stop weiter. In einem langen Bogen führte die Strecke weiter nach Osten. Im zunächst fast ebenen Gelände ging es nahezu parallel zur Bundesstraße 241 weiter durch das landwirtschaftlich genutzte Harzvorland. Für die Güterzüge mit der Baureihe 44 schrieb der Buchfahrplan auf dem Abschnitt bis Herzberg eine Höchstgeschwindigkeit von 75 km/h vor. Nach etwa fünf Kilometern passierte die zweigleisige Hauptbahn den 1972 stillgelegten ehemaligen Haltepunkt Hammenstedt mit seiner damals noch in Betrieb befindlichen Blockstelle. Nach weiteren vier Kilometern folgte der Bahnhof Katlenburg, der bereits in 136 Metern Höhe lag. Bis zum sechs Kilometer davon entfernten Bahnhof Wulften stieg die Bahn allmählich um 24 Meter auf nun 158 Meter über NN an. Fünf Kilometer weiter folgte der Bahnhof Hattorf (172 Meter über NN). Die Steigung betrug hier 1 : 148. Der Güterzüge mit den 44ern wurden hier merklich langsamer und der Heizer musste in immer kürzeren Abständen zur Schippe greifen und neue Kohlen aufwerfen. Östlich von Hattorf führte die Bahnstrecke weiter durch ein stetig stärker ansteigendes, bis zum ehemaligen Block Auekrug zunächst noch offenes Land. Von dieser etwa 1955 stillgelegten, in einer Linkskurve liegenden Blockstelle an begann nun die 1 : 105-Steigung hinauf zum Bahnhof Herzberg. Dabei führte die Strecke durch einen Wald. Vor den schweren Güterzügen mussten die Dampflokomotiven und ihre Personale noch einmal ihre ganzen Kräfte mobilisieren.

Kurz vor dem Einfahrtsignal des Bahnhofs Herzberg begann wieder offenes Gelände. In einer langen Rechtskurve, die von der Bundesstraße B 27 auf einer Brücke überquert wurde – diese war zuzeiten der Dampflokomotiven fast immer von Fotografen besetzt – erreichten die Züge den 234 Meter hoch gelegenen Bahnknoten Herzberg. Auf der 27 Kilometer langen Fahrt von Northeim nach Herzberg musste ein Höhenunterschied von 114 Metern überwunden werden.

Die Güterzüge leitete man durch den gesamten Rangierbahnhof bis zur Ausfahrt am östlichen Stellwerk, wo die 44er erst zum Stehen kamen. Dort wurden die Maschinen abgekuppelt und sie rollten dann über die Betriebsgleise hinüber zu dem kleinen Bahnbetriebswerk Herzberg. Der Kohlen- und der Wasservorrat waren arg geschrumpft und bedurften nun einer Ergänzung. Allein auf dem 93 Kilometer langen Abschnitt von Ottbergen nach Herzberg verbrauchte eine 44er zwischen 3,5 und 4 Tonnen Kohle. Man kann erahnen, welche Knochenarbeit die Heizer dabei zu vollbringen hatten. Die planmäßigen Durchgangsgüterzüge nach Ellrich wurden im Bahnhof Herzberg von den Maschinen der Baureihe 50 übernommen, die die Züge über den damals noch bestehenden »Eisernen Vorhang« in die DDR brachten.

Vorige Seite: Von Northeim aus in Richtung Herzberg steigt die Bahnstrecke zunächst nur sehr mäßig an. Zwischen der Blockstelle Hammenstedt und dem Bahnhof Katlenburg z.B. ist nur eine leichte Steigung von 1 : 228 zu überwinden. Dementsprechend flott und zügig war auch die Fahrweise der dampfgeführten Güterzüge in diesem Abschnitt. Am 15. August 1975 durchfuhr die 044 566 mit dem aus Richtung Northeim kommenden Dg 53845 pünktlich gegen 7.56 Uhr den Bahnhof Katlenburg mit seinem wuchtigen Stationsgebäude. Das markante Bauwerk ist schon lange dem Erdboden gleichgemacht worden. Der ehemalige Bahnhof wurde 1987 zu einem unbesetzten Haltepunkt degradiert.

Unter einer schönen weißen Dampfwolke kam am Morgen des 28. August 1975 gegen 6.45 Uhr die 044 277 vor dem Ng 64431 im Abschnitt zwischen dem Bahnhof Hattorf und der aufgelassenen Blockstelle Auekrug dem Fotografen vor die Linse. Als letzte Anstrengung vor dem Erreichen des Bahnhofs Herzberg ging es hier für die Züge in einer Neigung von 1 : 105, die fast schon den Wert der Sollingstrecke erreicht, wesentlich stärker bergan. Ansonsten bot der Abschnitt zwischen Northeim und der Kurve beim Block Auekrug keine großen landschaftlichen Besonderheiten. Rechts im Bild sind das Vorsignal und in weiterer Entfernung das Hauptsignal des Bahnhofs Hattorf zu sehen.

Am 8. April 1976 bot sich für den Autor letztmalig die Möglichkeit für eine Tour durch das Weserbergland auf dem Führerstand einer 44er. Die Hinfahrt erfolgte auf der 044 671 mit dem 1.214 t schweren Dg 53845 von Ottbergen nach Herzberg. Lokführer war wiederum ein alter Bekannter – der Ottbergener Oberlokführer Günter Nolte. Etwa um 8.10 Uhr, kurz nach der Durchfahrt durch den Bahnhof Hattorf , kam dem Dg 53845 aus Richtung Herzberg die 052 798 im morgendlichem Nieselregen als Lz entgegen. Die Begegnung der beiden Maschinen konnte vom Heizerplatz aus fotografisch verewigt werden. Gegen 12.40 Uhr wurde auf der gleichen Maschine – bis Northeim Tender voraus – mit dem mit 1.126 t nur unwesentlich leichteren Dg 53842 die Rückreise nach Ottbergen angetreten.

Harter Winterdienst auf der Rampe zwischen Hattorf und Herzberg: In der Nacht zum 25. März 1976 hatte eine Schneedecke die Vorharzlandschaft vor Frühlingsanbruch nochmals mit ihrer weißen Pracht überzogen. Der Schneefall hatte noch nicht nachgelassen, als sich morgens, ungefähr gegen 8.30 Uhr, der Dg 53835 mit leichter Verspätung der Linkskurve an der früheren Blockstelle Auekrug näherte. An diesem Tag war die 044 334 im Einsatz, die mit ihrem Güterzug in langsamer Fahrt durch die herrliche Winterlandschaft stampfte. Ob sich das Personal dieser Ottbergener Maschine mit der gleichen Hochstimmung an diese Fahrt bei diesem Wetter erinnert, erscheint mehr als zweifelhaft.

Der Gag 47861, ein Behälterzug beladen mit Tonerde mit dem Laufweg von Quadrath-Ichendorf über Eichenberg – Northeim – Herzberg – Walkenried – Ellrich bis Bitterfeld, hatte ein planmäßiges Zuggewicht von 1.400 t und musste daher fast regelmäßig ab Northeim von einer Lokomotive der Baureihe 50 bis Herzberg nachgeschoben werden. Ab Herzberg ging es – wiederum mit Schubhilfe durch eine Dampflok – über die Rampe bei Osterhagen zum Grenzbahnhof Ellrich in der DDR. Dieser bei Eisenbahnfreunden so begehrte Zug verkehrte nur unregelmäßig, meist aber einmal wöchentlich, an besonderen Verkehrstagen und war, wenn man das Glück hatte, ihn vor die Linse zu bekommen, immer ein außergewöhnliches Ereignis. Am 11. Mai 1976 hatte der Fotograf in der Nähe des früheren Blocks Auekrug das Glück, eine von der 044 067 in schneller Fahrt ins Gefälle nach Northeim befindliche Leergarnitur dieses Zuges mit der Kamera zu erwischen.
Aufnahme: Hilmar Glinski

Auf dem Führerstand der 044 671, die am 8. April 1976 den Dg 53842 bis Northeim Tender voraus beförderte: Gegen 12.40 Uhr hatte der Zug Ausfahrt aus dem Bahnhof Herzberg erhalten und hat hier gerade die Überführung der Bundesstraße 27 unterfahren, als die 044 678 als Lz aus Richtung Northeim kommend auf Gegenkurs vorbeifuhr. Auf der Brücke sind einige ob dieser Begegnung begeisterte Eisenbahnfotografen auszumachen.

»Hp 2« – also »Einfahrt frei mit Geschwindigkeitsbegrenzung« zeigt das Einfahrsignal des Bahnhofs Herzberg für den von der 044 599 geführten Ng 64431 am 19. August 1975 kurz vor 7 Uhr morgens. Unter einer schönen weißen Dampfwolke und dem wie die Bugwelle bei einem Schiff wirkendem Weiß der geöffneten Zylinderventile, nähert sich der Zug über die letzte Steigung. Dieser Nahgüterzug hat den Bahnhof Ottbergen bereits um 4.12 Uhr verlassen müssen.

Den Abschluss des 21. August 1975 bildete gegen 19.50 Uhr im Bahnhof Herzberg die Ablichtung der 052 602 (Bildmitte), die einen Güterzug aus Richtung Ellrich gebracht hatte, und der 044 210 (rechts), unmittelbar vor der Ausfahrt – das Hauptsignal zeigt bereits zwei Flügel – mit dem Dg 53848 in Richtung Northeim. Links steht eine Diesellok der Baureihe 212, deren letzten Exemplaren heute auch zahlreiche Eisenbahnfreunde hinterherjagen. Die Belichtungszeit dieser schönen abendlichen Begegnung betrug lediglich 1/8 Sekunde – ohne Stativ und aus der freien Hand! Heute hätte der Autor mit Sicherheit das Bild total verwackelt.

051 482-8

Die Bw-Außenstelle Herzberg

Zur Dampflokzeit besaß der bedeutende Bahnknoten Herzberg eine Lokstation, die dem Bw Northeim unterstand und zahlreichen Eisenbahnfreunden ein Begriff war. Bereits im Jahr 1874 wurde dessen zweiständiger, etwa 40 m lange und mit einem tonnenförmigen Gewölbedach versehene Rechteckschuppen errichtet. Bei einem schweren Sturm zu Beginn der 70er-Jahre büßte der Lokschuppen sein Dach ein und die abgestellten Lokomotiven mussten von nun an mit einem Stellplatz unter freiem Himmel vorlieb nehmen.
Die Lokbehandlungsanlagen dieser kleinen Bw-Außenstelle bestanden aus einer einfachen Bekohlung mit Kränen und Kohlehunten, zwei Schlackengruben und zwei Wasserkränen. Das Bekohlen der Maschinen war schwere körperliche Arbeit, den die Betriebsarbeiter schaufelten die Kohle direkt aus den offenen Güterwagen in die Kohlehunte, die auf Feldbahngleisen zu den Kränen geschoben wurden. 1912 erhielt Herzberg eine 16-Meter-Drehscheibe. Der Wasserturm mit einem Fassungsver-

mögen von 150 Kubikmetern wurde erst 1930 gebaut und sollte mögliche Engpässen bei der Wasserversorgung auf dem Bahnhof verhindern.
Anfangs hatte die Bw-Außenstelle nur für einige von Herzberg ausgehende Nebenstrecken regionale Bedeutung. Nach dem Ende des Zweiten Weltkrieges wandelte sich dies grundlegend: Mit der Wiederaufnahme des West-Ost-Güterverkehr zu Beginn der 50er-Jahre wurde Herzberg zum Rangier- und ab dem 1. Juni 1958 auch zum Zollabfertigungsbahnhof für den Güterverkehr mit der DDR. Gleichzeitig wurde Herzberg Umspannbahnhof, denn die von der Baureihe 44 beförderten planmäßigen Güterzüge liefen auf ihrem Weg nach Osten im Normalfall nur bis Herzberg. Dort erfolgte der Lokwechsel auf die Baureihe 50, die die Weiterbeförderung der Züge bis in die DDR nach Ellrich übernahm. Der Grund dafür lag u.a. in der im Grenzbahnhof Ellrich nicht vorhandenen Wendemöglichkeit. Die Baureihe 50 durfte im Gegensatz zur Baureihe 44 auch rückwärts mit einer Höchstgeschwindigkeit von bis zu 80 km/h fahren. An dieser Stelle sei noch erwähnt, dass besonders schwere Züge auf dem Abschnitt nach Ellrich mit einer Schublok gefahren werden mussten. Dieses war häufig bei Sonderleistungen der Fall.
Bis zum Ende der Dampftraktion mit Ablauf des Winterfahrplanes 1975/76 herrschte werktags auf dem Gelände dieser kleinen Einsatzstelle ein geschäftiges Treiben. Besonders dann, wenn Sonderleistungen zu bewältigen waren, befanden sich dort zeitweise mehrere Lokomotiven der Baureihen 44 und 50, die für den nächsten Einsatz wieder betriebsbereit hergerichtet wurden.
Nach der Einstellung des Dampfbetriebes wurden die Lokbehandlungsanlagen, ebenso wie der alte Lokschuppen überflüssig und schon bald darauf abgerissen. Heute erinnert nichts mehr an die Bw-Außenstelle Herzberg und Güterverkehr nach Ellrich.

Vorige Seite: Auf dem Gelände der Bw-Außenstelle Herzberg herrschte an manchen Tagen in der Woche ein recht reger Betrieb. Man konnte – ähnlich wie im Bw Northeim – nicht nur 44er des Bw Ottbergen, sondern auch Lehrter 50er antreffen. Im Gegensatz zum Bw Northeim war es in Herzberg fast immer üblich, dass die hereinkommenden Maschinen hier Kohle und Wasser nahmen und ausgeschlackt wurden, um für den nächsten Einsatz wieder fit zu sein. Herzberg war bis zum Ende des Dampfbetriebes eine regelrechte Drehscheibe des Dampfbetriebes und ein zentraler Punkt sowohl für die Strecke nach Ottbergen als auch nach Ellrich. Darüber hinaus befuhren Dampflokomotiven auch noch die Linie über Osterode nach Seesen und von dort aus weiter nach Salzgitter und Braunschweig. Lediglich Wenden konnten hier die Einheits-Schlepptendermaschinen nicht, denn es stand nur eine kleine 16-Meter-Drehscheibe zur Verfügung. Charakteristisch für dieses kleine Bw war der rechteckige Lokschuppen, der zu Beginn der 70er-Jahre infolge eines starken Sturmes sein Dach eingebüßt hatte. Am 9. März 1976 hatte man wieder ein volles Haus mit den Lokomotiven 051 482 und 050 446 (mit Schürze), die hier einen luftigen Stellplatz gefunden hatten. Außerhalb des Lokschuppens befanden sich noch weitere Maschinen.

Am 22. Juli 1975 herrschte wieder einmal Hochbetrieb im Bw Herzberg. Die 051 397 des Bw Lehrte (mit Kabinentender) und die 044 566 standen nebeneinander. Der Tender der 051 397 wird gerade mit dem alten Kohlenkran mit neuem Brennstoff versorgt. Die 044 566 trägt am Zughaken vorn eine Zugschlussscheibe, was auf eine soeben absolvierte Lz-Fahrt hindeutet. Auch auf diesem Foto sind die unterschiedlichen Kesseldimensionen dieser beiden wichtigsten Güterzugdampfloks der DB zuerkennen.

Am 20. März 1976, morgens gegen 8.30 Uhr, standen die beiden Ottbergener Maschinen 044 671 und 044 669 einträglich im Bw Herzberg nebeneinander. Die tiefe Aufnahmeposition des Fotografen lässt die beiden mächtigen Güterzugmaschinen besonders wuchtig und gedrungen erscheinen.

Anfang Mai 1974 wurde die 044 672 im Bw Herzberg fotografiert. Zu jener Zeit war die 044 672 eine besondere Rarität, denn sie besaß nicht nur die noch aus Reichsbahn-Tagen stammende Umlaufschürze. Das eigentlich Besondere an dieser Maschine – als letzte Bundesbahn-44er saßen bei ihr noch Luft- und Speisepumpe vorn in den Nischen links und rechts neben der Rauchkammer. Damit wurde die Lok zum unangefochtenen Exot unter den Schürzen-Maschinen. Leider wurde dieses interessante Einzelstück bereits im Mai 1975 z-gestellt und anschließend verschrottet.
Aufnahme: Ulrich Winterhoff

044 672-4
Unt.-Bwg.
10.11.70

050 525-5
Ir 13.6.72

Die 052 602 kurz vor der Ausfahrt aus dem Bw Herzberg: Sie wird im benachbarten Rangierbahnhof den bereitgestellten Nahgüterzug Ng 64207 (Herzberg – Braunschweig) übernehmen, der um 15.55 Uhr Herzberg planmäßig verlässt. Gut ist auf dieser Aufnahme der alte Lokschuppen mit dem Gewölbedach, der noch aus dem Jahre 1874 stammt, zu erkennen. Das Datum dieser Aufnahme ist der 26. August 1975.

Gut ausgeleuchtet von der noch tiefstehenden Frühlingssonne wurde die Lehrter 050 525, die der Fotograf am 9. April 1975 im Bw Herzberg antraf. Diese Maschine wartete darauf, eine Leistung nach Ellrich zu übernehmen.

Im Bw Herzberg wurden bei den hereinkommenden Maschinen nicht nur die Vorräte ergänzt, sondern die Loks wurden auch ausgeschlackt. Weiterhin versorgten die Personale im Rahmen der Nachschau die Schmierstellen aller Lager mit neuem Öl. So auch am 28. August 1975, als die 044 390 über der Ausschlackgrube stand und ein Betriebsarbeiter die auf dem Rost und im Aschkasten angesammelten Verbrennungsrückstände entfernte. Rechts ist ein Schuppenarbeiter mit einer langen Eisenstange damit beschäftigt, die Aschkastenklappe von außen zu öffnen, während die obige Aufnahme einen Blick in das Feuerloch der 044 390 beim Ausschlacken gewährt. Asche und Schlacke fielen unmittelbar in den mit Wasser gefüllten Kanal zwischen den Gleisen.

Das Ausschlacken von Dampflokomotiven war für den Fotografen besonders bei Dunkelheit ein überaus reizvolles und packendes, ja fast schon als gespenstisch zu bezeichnendes Schauspiel, ließ sich doch dieser Vorgang mit dem Stativ in Form von Zeitaufnahmen einfangen. Hier soll – ohne viele erklärende Worte – diese an einer Lok der Baureihe 50 im Bw Herzberg ausgeführte Tätigkeit gezeigt werden.

Das Herz eines jeden Eisenbahnfreundes schlug unweigerlich höher, wenn er zum ersten Mal die anachronistisch anmutenden und tatsächlich noch aus dem 19. Jahrhundert stammenden Lokbehandlungsanlagen des Bw Herzberg erblickte. Deren gesamte Bedienung basierte nahezu ausschließlich auf schwerer körperlicher Arbeit oder, wie beim Kohlenkran, auf einfacher Mechanik. Am Ablauf der Arbeiten hatte sich während der letzten hundert Jahre kaum etwas geändert. Die Lokkohle musste wie eh und je per Hand aus den Kohlenwaggons in Kohlenhunte geschaufelt werden, zu deren Transport auf dem Betriebsgelände dieser Einsatzstelle eine kleine, ebenfalls per Muskelkraft zu betätigende Drehscheibe mit sieben abgehenden Gleisen zur Verfügung stand. Die auf kleinen Rädern aufgebauten Hunte wurden nach deren Beladung ebenfalls per Hand von den Betriebsarbeitern bewegt und für den Kohlenkran bereitgestellt, der schließlich die eigentliche Lokbekohlung vornahm.

Lokomotiven der Baureihe 44 werden in Herzberg mit frischer Kohle versorgt: Dem Bw Herzberg standen zwei Bekohlungskräne zur Verfügung, wovon der eine rein mechanisch per Hand bewegt und bedient werden musste, der andere schon einen elektrischen Antrieb besaß. Auf dem linken Bild arbeitet gerade der ältere, mechanische Kran. Das untere Bild zeigt den elektrischen Kran im Einsatz. Während der Schuppenheizer bemüht ist, ohne in Gefahr zu geraten und allzu viel Brennstoff daneben zu schütten, den Hunt in die richtige Kippposition zu bringen, ist der Heizer der 44er, Ferdinand Struck, damit beschäftigt, mittels Wasserschlauch die Staubbildung beim Bekohlungsvorgang zu reduzieren. Die Aufnahmen entstanden im August 1975.

Löscheziehen bei Lokomotiven der Baureihe 50 im Bw Herzberg: Diese Arbeit war bei den Betriebsarbeitern einer jeden Einsatzstelle – da überaus schmutzig und staubig – besonders unbeliebt. Sie musste aber auch getan werden. Oben öffnet der Schuppenmann die Rauchkammertür der 051 397, deren Vorreiber er mittels Hammerschlägen zuvor aufgeschlagen hat. Das Aufnahmedatum ist der 22. Juli 1975.

Hier schwingt ein Schuppenarbeiter am 2. Mai 1975 die Schippe beim Löscheziehen bei der 052 180. Mit einer großen Schippe beseitigt er die Verbrennungsrückstände aus der Rauchkammer. Dem Gesichtsausdruck nach zu urteilen ist der Eisenbahner von dieser Arbeit keineswegs begeistert!
Aufnahme: Ulrich Winterhoff

Während der Herzberger Schuppenarbeiter am 2. Mai 1975 die Rauchkammersäuberung bei der 052 180 abgeschlossen hat und nun die Vorreiber der Rauchkammertür mit Hammerschlägen wieder verschließt, ist ein Kollege mit dem Nässen der im Gleisbereich liegenden Verbrennungsrückstände beschäftigt.
Aufnahme: Ulrich Winterhoff

22. Juli 1975: Ein Lokheizer versorgt mit der Ölspritze die Teile der Steuerung mit neuem Öl. Diese Nachschauarbeiten, bei der sämtliche Schmierstellen der Maschine wie Achslager, Gleitbahnen und viele anderen Teile mehr abgeölt werden mussten, waren nach jeder größeren Fahrt fällig.

Das markante Gesicht der 052 223 ließ sich am 7. April 1975 im Bw Herzberg portraitieren. Gut zu erkennen sind die stählernen Streben und Binder des abgedeckten Gewölbedaches des Lokschuppens.

Die bestens gepflegte 051 397, die mit einem Einheitstender der Bauart 2'2'T 26 gekuppelt ist, steht am 30. August 1975 im Bw Herzberg. Sie wird in Kürze neue Vorräte fassen. Der 1'Eh2- Güterzuglokomotiven der Baureihe 50 besaßen, so wie ihre stärkeren Schwestern der Baureihe 44, einen Treib- und Kuppelraddurchmesser von 1.400 mm und eine Höchstgeschwindigkeit von 80 km/h. Im Gegensatz zur Baureihe 44 besaßen die 50er nur zwei Zylinder, 15 t Achslast und eine indizierte Leistung von 1625 PS. Das abgebildete Exemplar befindet sich – ganz im Gegensatz zu manchen anderen Maschinen der zu Ende gehenden DB-Dampfära – noch in einem recht guten Pflegezustand. Am rechten Bildrand ist der Tender der 044 434 zu erkennen.
Aufnahme: Ulrich Winterhoff

Am 9. April 1975 wurde die dreizylindrige Güterzuglokomotive 044 557 im Lokschuppen des Bw Herzberg portraitiert. Es waren schon mächtige und beeindruckende Maschinen, die ob ihrer innewohnenden Kräften von ihren Freunden nicht umsonst Jumbos genannt wurden. Auf ihnen als Heizer Dienst zu tun, war aber offen gesagt geradezu eine Schinderei. Der Heizer hatte eine fast fünf Quadratmeter große Rostfläche zu beschicken. Die jahrelange Knochenarbeit war oftmals die Ursache für gesundheitliche Schäden bei vielen Eisenbahnern, wozu vor allem rheumatische Beschwerden zählten.

Durch den »Eisernen Vorhang« nach Ellrich

In Herzberg übernahmen planmäßig frisch versorgte Dampflokomotiven der Baureihe 50 die Durchgangsgüterzüge nach Ellrich. Wie bereits erwähnt hatte die 50er gegenüber der leistungsstärkeren Baureihe 44 den entscheidenen Vorteil, dass sie auch bei Rückwärtsfahrt, d.h. mit Tender voran, eine Höchstgeschwindigkeit von 80 km/h erreichen konnten. Dies war daher bedeutsam, weil weder in Herzberg, in Walkenried oder in Ellrich entsprechende Drehscheiben vorhanden waren, auf denen die schweren, nur für 50 km/h Rückwärtsfahrt zugelassenen Güterzuglokomotiven der Baureihe 44 gedreht werden konnten. Außerdem bot der 2'2'T 26-Tender der Baureihe 50 mit seiner Rückwand den Personalen bei der Rückwärtsfahrt einen deutlich besseren Schutz vor den Witterungsunbilden als die nach hinten offenen Tender der Bauart 2'2'T 34 der 44er.

Bis 1973 waren es die Dampfloks der Baureihe 50 des Bw Goslar, die von Herzberg aus eingesetzt wurden. Nachdem das Bw Goslar seine Selbstständigkeit verloren hatte, übernahm das Bw Lehrte dessen Aufgaben, ohne dass sich jedoch etwas Wesentliches an den Umlaufplänen änderte. Für die Baureihe 50 waren auf dem Streckenabschnitt von Herzberg nach Ellrich 1.000 t als Grenzlast zugelassen; in umgekehrter Richtung ab Ellrich waren es wegen der geringeren Steigung allerdings 1.200 t. Bei Zügen, die schwerer als 1.000 bzw. 1.200 t waren, musste die Bw-Außenstelle Herzberg eine Schublok stellen. Da auch diese Maschinen in Herzberg nicht gedreht werden konnten, kamen die Lokomotiven auch Tender voran an den Zug – so wie sie gerade standen. Sonderleistungen nach Ellrich wurden aber bis zum Schluss häufig mit der Baureihe 44 gefahren. Deren Rückfahrt erfolgte meist als Leerfahrt und dabei immer Tender voraus, da für die Beförderung der planmäßigen Durchgangsgüterzüge im Regelfall die Baureihe 50 verwendet wurden.

Hinter der Bahnhofsausfahrt Herzberg führte die Strecke zunächst in einer Linkskurve noch weitgehend eben in Richtung des sechs Kilometer entfernt liegenden Bahnhofs Scharzfeld. Auf diesem Abschnitt konnten die Dampfzüge für die kommende Steigung nach Osterhagen Anlauf nehmen, denn ungefähr auf dem halben Wege nach Scharzfeld begann die 1 : 100-Steigung hinauf nach Osterhagen. Östlich des Bahnhofs Scharzfeld zweigte die Strecke nach Bad Lauterberg ab.

Anschließend ging es nördlich am Hang der langgezogenen Ortschaft Barbis mit einer Steigung von 1 : 94 stärker bergan. In scharfen Kurven gewann die Bahn allmählich an Höhe und durchquert in einem weiten Tal die reizvolle Südharzlandschaft. Ungefähr zwei Kilometer vor dem Erreichen des Brechpunkts in Osterhagen wurde eine stillgelegte Blockstelle passiert, die von der einstigen Bedeutung dieser Hauptbahn zeugte. Nach einer weiteren engen Kurve überquerte die Bahnlinie den mittels Halbschranken gesicherten Bahnübergang der von Bad Lauterberg nach Osterhagen führenden Landstraße. Kurz vor dem ehemaligen Bahnhof Osterhagen hatten die Züge mit 321 Höhe ihren höchsten Punkt erreicht. Hinter dem niveaugleichen Übergang über die Bundesstraße 243 begann der Abstieg mit einem Neigungswinkel von 1 : 138 hinunter nach Bad Sachsa.

Die Strecke passierte nach fünf Kilometern den Bahnhof Tettenborn und nach weiteren zwei Kilometern – weiterhin im Gefälle liegend – Bad Sachsa. Unmittelbar östlich des Bahnhofs überquerte die Bahn auf einem hohen Damm eine lange Talsenke, an deren Ende wegen Dammrutschgefahr eine ständige Langsamfahrstelle eingerichtet werden musste. Trotz vielfältiger Bemühungen der Bundesbahn, diesen Schwachpunkt zu beseitigen, kam es immer wieder zu Erdrutschen. Direkt im Anschluss daran führte die Strecke mit einer Rechtskurve in einem Einschnitt durch das den Südharz vorgelagerte Gipsgebirge des Sachsenstein und erreichte wenig später Walkenried mit seinem markanten, schlossähnlichen Bahnhofsgebäude.

Ab Walkenried war der Streckenabschnitt nach Ellrich und weiter nach Nordhausen eingleisig, denn bald nach dem Ende des Zweiten Weltkrieges wurde das zweite Gleis dieser ehemaligen Hauptstrecke demontiert.

Vorige Seite: Wir nehmen teil an der Bergfahrt des Überlast führenden Dg 45865, der von der unter einer mächtigen Dampfwolke fahrenden 051 745 gezogen und von der schwarz qualmenden 044 210 tatkräftig unterstützt wird. Dieser Zug passiert gegen 8.20 Uhr an dem bedeckten Vormittag des 18. April 1976 den anfangs noch leidlich ebenen Streckenabschnitt zwischen Herzberg und Scharzfeld am Südrand des Harzes. Beide Lokführer versuchen natürlich, die bereits wenige hundert Meter später beginnende 1 : 100-Rampe mit ordentlichem Schwung anzugehen, denn immerhin steigt die Bahn auf dem sechs Kilometer langen Abschnitt bis Scharzfeld um 20 Meter. Aufnahme: Hilmar Glinski

Bevor die Güterzüge Ellrich erreichten und die Grenze zur DDR passierten, fuhren die Züge noch durch den im Jahre 1869 in Betrieb genommenen, 268 m langen Walkenrieder Tunnel und vorbei an den romantisch gelegenen Itelteichen. Kurze Zeit später tauchte der hohe Grenzzaun der früheren Staatsgrenze der DDR auf. Bis zum 12. November 1989 mussten die Züge durch ein eisernes, etwa mannshohes Tor durchfahren, um über die deutsch-deutsche Grenze nach Ellrich zu gelangen. Dieses war ständig geschlossen. Nur auf Anweisung des Ellricher Fahrdienstleiters konnte das Tor von den auf der Kontrollbrücke Dienst habenden Grenzsoldaten bei Ankündigung eines Zuges für kurze Zeit geöffnet werden. Von diesen bedrückenden und bedrohlich wirkenden Grenzanlagen ist heute kaum noch etwas zu erkennen.

Im 245 m hoch gelegenen Bahnhof Ellrich erfolgte die Übergabe der Züge an die Deutsche Reichsbahn. Ölgefeuerte 44er aus dem Bw Nordhausen übernahmen nun die Weiterbeförderung der Züge. Die DB-Maschinen wurden abgekuppelt und entweder vor eine Rückleistung gespannt, oder sie liefen – wenn sie eine Sonderleistung nach Ellrich gebracht hatten – als Leerfahrt zurück nach Herzberg.

Am 18. August 1975 hatte der bei den Eisenbahnfreunden so begehrte Behälterzug Gag 47861 aus Quadrath-Ichendorf, bei Eisenbahnern auch »Ulbrichtzug« oder »Quadratlatschenzug« genannt, seinen wöchentlichen Auftritt. Das war, ähnlich der sporadisch in jedem Frühjahr durch den Südharz nach Osten erfolgenden Düngertransporte, immer ein außergewöhnliches Erlebnis. Der von der 044 389 gezogene 1.400-t-Wagenzug musste wegen seines großen Gewichts bereits ab Northeim, das dieser nach einem fast einstündigem Aufenthalt bereits gegen 5.45 Uhr in der Frühe verließ, von der 052 602 über die bei Hattorf und Auekrug beginnende Rampe bis Herzberg nachgeschoben werden. Die dortige planmäßige Ankunftszeit war 6.26 Uhr. Wegen der üblichen umfangreichen Zollabfertigungsformalitäten ging es erst um 7.55 Uhr weiter in Richtung Ellrich. Hier steht der schwere Behälterzug in seiner ganzen Länge im Bahnhof Herzberg zur Abfahrt bereit. Die 052 602 hat sich wieder an den Schluss des Zuges gesetzt und »kocht« unter einer unübersehbaren kerzengerade in den morgendlichen Himmel steigenden schwarzen Qualmwolke Dampf, um der 044 389 bei ihrer schweren Bergfahrt bis Osterhagen wirksame Unterstützung zu geben.

Die 050 578 hat am 25. Juli 1975 gegen 10.50 Uhr Ausfahrt aus dem Bahnhof Herzberg mit dem Dg 45867 erhalten, den sie bis zum Grenzbahnhof Ellrich in der DDR befördern wird. Dieses Foto entstand von der Überführung der in Richtung Nordhausen führenden Bundesstraße 243. Bald wird der harte und abgehackte Klang der bergwärts fahrenden 50er auf der Steigung ertönen.

Vollständig in ein Inferno von Schwaden weißen Dampfes und schwarzen Qualms eingehüllt ist die Umgebung des am Ostende des Bahnhofs Herzberg gelegenen Stellwerks, als am Vormittag des neblig-trüben 8. April 1976 die 050 811 das Gebäude bei ihrer Ausfahrt mit dem Dg 45867 in Richtung Ellrich passiert. Der Rottenposten mit dem für die Sicherheit bei Gleisbauarbeiten unerlässlichen pressluftbetriebenen Warnsignalgerät drückt sich scheinbar ein wenig ängstlich an die Außenwand des Stellwerks. Die Maschine muss sich sichtlich anstrengen und sich gegen das Zuggewicht, das bei diesem Durchgangsgüterzug regulär 1.000 t betrug, stemmen, als sie mit nur langsam schneller werdenden Auspuffschlägen Fahrt aufnimmt. Solche beeindruckenden Bilder waren selbst noch wenige Wochen vor dem Dampfende im Südharz möglich.

Im letzten Abendlicht des 11. Mai 1976 hatte die mit einem Kabinentender ausgerüstete 052 983 vor dem nach Ellrich bestimmten, gewichtsmäßig gut ausgelasteten Dg 45877 aus dem Bahnhof Herzberg Ausfahrt erhalten. Dieser Zug verließ Herzberg um 19.06 Uhr und erreichte gegen 19.54 Uhr den in der DDR gelegenen Grenzbahnhof Ellrich. Eine gewaltige Wolke aus Rauch und Dampf verlässt den Kamin der mit knallhartem Auspuffschlag schwer stampfenden, Tender voraus fahrenden Maschine. Da weder Herzberg noch Ellrich über die für die Schlepptendermaschinen entsprechend großen Drehscheiben verfügten, waren auf diesem Streckenabschnitt sowohl Vorwärts- als auch Rückwärtsfahrten in beiden Richtungen üblich. Im Gegensatz zur Baureihe 44 war für die Baureihe 50 auch bei Rückwärtsfahrt die volle Verwendbarkeit gewährleistet. Sie war, da drei Kuppelachsen besandet werden konnten, mit voller Leistung einsetzbar und dabei auch für 80 km/h Höchstgeschwindigkeit zugelassen. Da die 2'2'T 26-Tender der Baureihe 50 normalerweise Rückwände mit Sichtfenstern besaßen, waren hier die Personale vor den Witterungsunbilden besser geschützt, als bei den nach hinten offenen Tender der 44er.
Aufnahme: Hilmar Glinski

Bei schönem, vorfrühlingshaftem Sonnenschein wartet die 052 757 am Vormittag des 17. April 1976 gegen 10.45 Uhr an der Ausfahrsignalgruppe des Bahnhofs Herzberg mit dem Dg 45867 auf Abfahrt in Richtung Walkenried/Ellrich.
Aufnahme: Hilmar Glinski

Der fast immer Grenzlast führende Dg 45867, der um 10.50 Uhr vormittags den Bahnhof Herzberg in Richtung Ellrich verließ, gehörte bei den Eisenbahnfotografen zu den wegen der guten Beleuchtung bevorzugten und beliebten Güterzügen auf dieser Strecke. Am 12. August 1975 befuhr die 052 757 mit weithin hallenden Auspuffschlägen und schwarzen Qualmwolken mit diesem Zug die unmittelbar östlich der Herzberger Bahnhofsausfahrt gelegene, bereits in leichter Steigung verlaufende lange Linkskurve. Auf Grund der großen sommerlichen Hitze des Tages hat der auf der Lok fahrende Meister bereits für »Marscherleichterung« gesorgt.

Auf ihrem Weg in Richtung Ellrich passiert die Tender voraus fahrende, schwer arbeitende 051 420 am Abend des 12. August 1975 gegen 19.15 mit dem Überlast führenden Dg 45877 das Stellwerk Scharzfeld West. Da der Zug mit 1.165 t Überlast hatte, welche eine 50er allein nicht bewältigen konnte, hatte man ihr die 044 326 als Drucklok zur Unterstützung zugeteilt. Diese Maschine schiebt am Schluss des Zuges mit kräftig grummelnden, nicht ganz qualmfreien Dampfstößen nach, um gemeinsam mit vereinten Kräften die schwere Fuhre über den Berg zu bringen. Steigung und Wagenzuggewicht haben es in sich und machen den beiden Maschinen ordentlich zu schaffen. Die größte Anstrengungen auf der Rampe vor Osterhagen steht jedoch noch bevor.

VTG

Am 5. Mai 1975 war es die 051 816, die den mit knapp 1.000 t ebenfalls gut ausgelasteten vormittäglichen Dg 45867 allein über die Steigung bringen musste. Unter einer langen, prächtig anzusehenden schwarzen Qualmwolke, die auf eine intensive Feuerungstätigkeit des Heizers hindeutete und mit harten, dumpfen Auspuffschlägen ihres Zweizylindertriebwerks schleppte die Lokomotive ihren langen Güterzug auf dem freien Streckenabschnitt zwischen Herzberg und Scharzfeld bergan. Bis zum Ende der nahezu durchgängigen 1 : 100-Rampe bis zu dem 13 Kilometer entfernten Bahnhof Osterhagen, sind insgesamt 87 m Höhenunterschied zu überwinden. Die sich über dem Zug verteilende Qualmwolke wird noch Minuten später an die kraftvolle Vorbeifahrt der bergwärts hämmernden Zweizylinderlokomotive erinnern.
Aufnahme: Ulrich Winterhoff

Auf dem Damm oberhalb der langgestreckten von der Bundesstraße B 243 durchzogenen Ortschaft Barbis zogen am 26. Mai 1976 gegen 11.05 Uhr, nur wenige Tage vor dem Dampfende auf dieser Strecke, die schwer arbeitenden Lokomotiven 050 578 als Zuglok und 044 682 als Drucklok mit dem an diesem Tage erneut Überlast führenden Dg 45867 in Richtung der Osterhagener Höhe nach Ellrich dahin. Mehrmals am Tage quälten sich die dampfgeführten Güterzüge mit ihren dunklen, über die Dächer der Ortschaft ziehenden Qualmwolken bergan. Die Steigung in diesem Abschnitt ist mit etwa 1 : 100 recht beachtlich und sie forderte den Menschen und Maschinen Höchstleistungen ab, um den Höhenunterschied zu überwinden.
Aufnahme: Ulrich Winterhoff

Geringfügig leichter war am 30. Juli 1975 der von der 052 983 geführte Dg 45867, sodass die Maschine ihren Zug allein bewältigen konnte. Hier wird er in wenigen Augenblicken den Schrankenposten an der Bundesstrasse B 243 überqueren. Diese Abbildung verdeutlicht auch optisch die recht beachtliche Steigung auf diesem Abschnitt. An dieser Stelle sei noch erwähnt, dass die dampfgeführten Güterzüge auf der Rampe bis Osterhagen sehr oft von motorisierten Eisenbahnfreunden verfolgt wurden und die Polizei, um diesen rasanten Jagden durch die drei Kilometer lange Ortschaft Barbis Einhalt zu gebieten, des öfteren Geschwindigkeitskontrollen durchführte.

Hier eine weitere Aufnahme des am 19. August 1975 gegen 8.20 Uhr von 044 389 mit Schubunterstützung durch die 052 602 auf der 1 : 100-Steigung vor Osterhagen geführten »Ulbrichtzuges« Gag 47861. Infolge der Morgenkühle produzieren beide Maschine noch weißen Dampf. Dieser Zug wird bereits auf der Seite 152 vor seiner Abfahrt im Bahnhof Herzberg gezeigt. Anschließend ging es mit einem Auto an einen erhöhten Fotostandpunkt etwa drei Kilometer unterhalb von Osterhagen, um den Zug in seiner ganzen Länge im Bilde festzuhalten. Auf diesem Abschnitt befand sich die frühere, 1952 aufgelassene Blockstelle Bartolfelde. Im Hintergrund der Aufnahme ist die gleichnamige Ortschaft zu erkennen.

Gut drei Monate zuvor, am 3. Mai 1975 zogen die Lokomotiven 044 462 als Zuglok und 044 084 als Drucklok am Schluss des Zuges den für Bitterfeld bestimmten schweren Behälterzug Gag 47861 die starke Steigung zwischen Bartolfelde und Osterhagen hinauf. Es war schon sehr beeindruckend, die beiden schwer arbeitenden Maschinen auf diesem schwierigen Rampenabschnitt mit Steigungen bis 1 : 94 zu beobachten und zu hören. Bereits lange vorher war das Donnergrollen der mit kaum mehr als 30 km/h bergan stampfenden Dreizylinderlokomotiven in der Ferne zu hören. Die Auspuffschläge bullerten aus den Schornsteinen und zeugten von den der urwüchsigen Kraft beider Lokomotiven.
Aufnahme: Ulrich Winterhoff

An den Hängen des Vorharzes befanden sich noch einige Schneereste, als sich am 11. April 1975 morgens gegen 8.40 Uhr die Zweizylinderlokomotive 051 816 unter einer langen weißen Dampfwolke und mit weithin knallendem Auspuff mit dem gut ausgelasteten Dg 45865 über die Steigung vor Osterhagen abmühte. In etwa zwei Kilometer Entfernung ist der Brechpunkt bei Osterhagen erreicht, womit Lok und Maschine den schwierigsten Teil der Fahrt geschafft hatten.

Am 30. August 1975, dem letzten Aufenthaltstag an den Strecken des Harzes und des Weserberglandes während der Sommersemesterferien 1975, konnte der Autor die 051 397 mit dem Dg 45867 unmittelbar an der bereits erwähnten, aufgelassenen Blockstelle Bartolfelde fotografieren. Die Zweizylinderlok musste sich schon mächtig ins Zeug legen, um mit ihrem schweren Zug die Ausläufer des Südharzes zu überwinden.

Ungleich weniger Mühe bereitete der 052 188 am 18. August 1975 gegen 18.10 Uhr der in der Gegenrichtung vom Bahnhof Walkenried nach Herzberg verkehrende leichte Ng 68598, welcher bei tiefstehender Abendsonne auf der weniger stark ausgeprägten Gegensteigung in Richtung Osterhagen auf dem Abschnitt zwischen Bad Sachsa und Tettenborn vor den bekannten Kreidefelsen fotografiert wurde.

Am Morgen des 3. April 1975 hatte der Winter noch einmal Einzug in den Südharz gehalten. An diesem Tag hatte die 052 953 den Dg 45864 auf dem Abschnitt Ellrich – Herzberg übernommen und gegen 10.20 Uhr den in der DDR liegenden Grenzbahnhof verlassen. Etwa zehn Minuten später erfolgte die Durchfahrt dieses heute nicht allzu langen Güterzuges – das Maximalgewicht für von der Baureihe 50 geführten Güterzüge auf dem Abschnitt von Ellrich bis Osterhagen betrug 1.200 t – durch den Bahnhof Walkenried. Der sich zwischen den Bahnhöfen Walkenried und Bad Sachsa befindliche Zug wurde inmitten der recht karg gefallenen weißen Pracht kurz vor dem Erreichen des Einschnittes durch den Sachsenstein fotografiert. Die besagte Ostrampe nach Osterhagen ist – im Gegensatz zur von Herzberg aus führenden Steigung – weniger spektakulär. Sie erreicht in diesem Abschnitt lediglich den Wert von 1 : 137, was sich auch in der erhöhten Anhängelast für die Dampflokomotiven niederschlug.

Mit dem buchstäblich letzten Abendlicht wurde am 28. August 1975 die 044 390, die an diesem Tag den eigentlich planmäßig von einer Lok der Baureihe 50 zu befördernden Dg 45874 am Haken hatte, gegen 18.30 Uhr auf dem Abschnitt zwischen Ellrich und Walkenried im Bild festgehalten. Wie man sieht, waren außer den zweizylindrigen 50er auch 44er am Güterverkehr auf diesem Streckenabschnitt beteiligt. Die Maschine hat gerade den 268 m langen Walkenrieder Tunnel durchquert und nähert sich mit ihrem offenbar mit Überlast verkehrenden Zug dem Standort des Fotografen. Die letzten Sonnenstrahlen verhelfen der Rauchkammer der in langsamer Fahrt auf der 1 : 114-Steigung daherstampfenden Dreizylindermaschine zu einem matten goldenen Glanz. Bei der langsamen Fahrgeschwindigkeit waren die einzelnen Auspufftakte der Dreizylindermaschine besonders deutlich zu hören.

Teleaufnahme von einem grenznahen Aussichtspunkt auf den in der DDR gelegenen Bahnhof Ellrich: Am 1. April 1975 wurde die 051 920 grenzüberschreitend eingesetzt. Sie verließ mit dem Dg 45864 gegen 10.20 Uhr, Tender voraus fahrend, den Bahnhof Ellrich in Richtung Westen. Etwa um 11.02 Uhr wird dieser Zug in Herzberg eintreffen. Von diesem erhöhten Standort konnten zum einen die Anlagen der überaus stark gesicherten Staatsgrenze der DDR überblickt werden, zum anderen waren bisweilen auch Reichsbahn-44er des Bw Nordhausen mit Ölfeuerung zu bewundern, die die Weiterbeförderung der aus Herzberg herangebrachten Güterzüge in östliche Richtung übernahmen.

050 396-1

Unmittelbar über die deutsch-deutsche Grenze fährt am 18. Mai 1974 die 050 396 mit dem Dg 17174 (alte Zugnummer des ab dem Winterfahrplan 1974/75 als Dg 45864 bezeichneten Durchgangsgüterzuges) mit der am Schluss des Zuges befindlichen Drucklok 044 672 in den Westen. Dies war jene letzte 44er der DB, die , wie bereits erwähnt, neben der Frontschürze noch die in den Rauchkammernischen sitzenden Pumpen besaß. Das auf diesen Aufnahmen vom Zug verdeckte fernbediente Tor wurde nur auf Anweisung des Fahrdienstleiters in Ellrich für kurze Zeit von den Dienst habenden Grenzsoldaten vor der Abfahrt oder dem Herannahen eines Zuges aus dem Westen geöffnet. Sichtbar hingegen ist das auf der linken Seite des Gleiskörpers aufgestellte Einfahrtsignal des Bahnhofs Ellrich. Überall standen Warn- bzw. Verbotsschilder und man fühlte sich angesichts dieser bedrohlich wirkenden Grenzanlagen gar nicht wohl in seiner Haut und wohl nicht ganz zu Unrecht auch ständig beobachtet.
Aufnahmen: Ulrich Winterhoff

Die Bahn im Wandel der Zeit – im Spiegel dieser Bestseller

Thomas Estler, **Das große Loktypenbuch**
Die Lokomotiven und Triebzüge von den Zwanzigerjahren bis heute in ihrer im wahrsten Sinne des Wortes bunten Vielfalt. Das reich bebilderte Buch gibt Auskunft über Technik und Einsatz der Fahrzeuge. Natürlich finden sich zu jeder Baureihe die wichtigsten technischen Daten übersichtlich zusammengefasst. Dazu eine ausführliche Einführung in die Nummernsysteme der deutschen Staatsbahnen und der DB AG.
336 Seiten, 570 Bilder, dav. 256 in Farbe **Bestell-Nr. 71159 € 42,–**

Erich Bohne
Kohle, Ruß und heißes Öl
In den 70er- und 80er-Jahren roch es auf den Berliner Bahnhöfen nach Kohle, Ruß und heißem Öl. Damals beherrschten noch Dampfloks die Gleise der Stadt. Diese Epoche hält dieser Band in einmaligen Bildern fest. Steigen Sie ein und schnuppern Sie noch einmal echte Berliner Eisenbahn-Luft.
192 Seiten, 200 Bilder
Bestell-Nr. 71175 € 32,–

Alfred B. Gottwaldt
Das große Berliner Eisenbahn-Album
Der Autor entführt den Leser in die Welt der Expresszüge und in die Lokschmieden, in die mächtigen Bahnhofshallen und über das Netz der S-Bahn. Ein Buch zum Genießen und Träumen – und das zum unschlagbaren Preis einer transpress-spezial-Ausgabe.
392 Seiten, 512 Bilder, dav. 23 in Farbe
Bestell-Nr. 71146 € 22,–

Jürgen Court
Renaissance der Dampflok
Im Erzgebirge, in Thüringen oder den märkischen Kieferwäldern, überall erlebte die Dampflok vor planmäßigen Zügen in den Neunzigerjahren einen zweiten Frühling. Selbst im Westen erfuhr die Eifelbahn eine Renaissance der Dampflok. Heute ist auch diese Episode fast schon wieder Geschichte.
144 Seiten, 136 Farbbilder
Bestell-Nr. 71143 € 26,–

Schienenverkehr in der DDR (Band 1)
Die Entwicklung der DR in den Sechzigerjahren im Spiegel von Beiträgen aus dem »Eisenbahn-Jahrbuch«, das der transpress-Verlag bis 1985 herausgab. Die Baureihen V 100 und V 180, die Elloks der Baureihen E 11 und E 42, aber auch die aus der Sowjetunion importierten Taigatrommeln stehen für diese Epoche.
208 Seiten, 281 Bilder
Bestell-Nr. 71156
€ 16,–

Andreas Knipping/Burkhard Wollny
Deutsche Bundesbahn
Die angeblich unbewegliche »Beamtenbahn« setzte in den 70er- und 80er-Jahren trotz widrigster verkehrspolitischer Bedingungen Maßstäbe, die noch heute gültig sind. Gerade die zweite Hälfte der Bundesbahn-Ära war eine der interessantesten und abwechslungsreichsten Episoden der deutschen Eisenbahngeschichte.
208 Seiten, 275 Bilder, dav. 45 in Farbe
Bestell-Nr. 71147 € 32,–

Manfred Berger
Hauptbahnhof Leipzig
Bei seiner Eröffnung am 1. Oktober 1915 sprengte der Hauptbahnhof in Leipzig jeden Rahmen. Das monumentale Bauwerk war der aufwändigste, teuerste und schönste Bahnhof des Reiches. Heute ist er »Erlebniswelt mit Gleissanschluß«. Geschichte und Gegenwart des Leipziger Bahnhofs schildert diese Spezialausgabe.
256 Seiten, 429 Bilder, dav. 53 in Farbe
Bestell-Nr. 70474 € 22,–

Dietmar Klubescheidt
Eisenbahnen der Welt
Die längste Eisenbahnlinie der Welt in Sibirien, die höchste Strecke der Erde in den Anden oder die schnellsten Züge unseres Planeten in Japan. Die ganze Vielfalt der Eisenbahn wird in diesem Buch lebendig. Nur wem das zu bequem und zu peiswert ist, löst am Bahnhof eine Fahrkarte um die Welt.
164 Seiten, 170 Bilder, davon 164 in Farbe, 12 Karten
Bestell-Nr. 71066 € 16,–

Daniel Riechers, **ICE**
Alles begann 1985 mit dem ICE-Experimental. 1990 nahm die Bahn die ersten ICE 1 (Baureihe 401) in Betrieb. Es folgten die Baureihe 402, die Neigetechnikzüge der Baureihe 411/415 und zur Expo 2000 die dritte Generation des ICE, die Baureihe 403/406. Jüngstes Familien-Mitglied ist die Baureihe 605 (ICE-TD).
176 Seiten, 180 Bilder, davon 90 in Farbe, 10 Zeichnungen
Bestell-Nr. 71172
€ 36,–

IHR VERLAG FÜR EISENBAHN-BÜCHER

trans press

Postfach 10 37 43 · 70032 Stuttgart
Telefon (07 11) 2108065 · Fax (07 11) 2108070

Stand Oktober 2001 – Änderungen in Preis und Lieferfähigkeit vorbehalten
Ab 1. Januar 2002 gelten die neuen gebundenen Euro-Preise